U0811431

玩游戏，学科学

本书收录了一些适合青少年读者的科学游戏，这些游戏能够帮读者解开自然科学的秘密，了解自然科学的规律，并探索动植物的行为方式。这些妙趣横生的小游戏看似简单，其中却隐藏着并不简单的科学原理，不但可以帮助读者学习科学知识，激发对科学的巨大兴趣，也开阔了读者的眼界，培养了读者的实际动手能力，启发读者发现身边的科学现象。在游戏中走近科学。

刘鹏◎编著

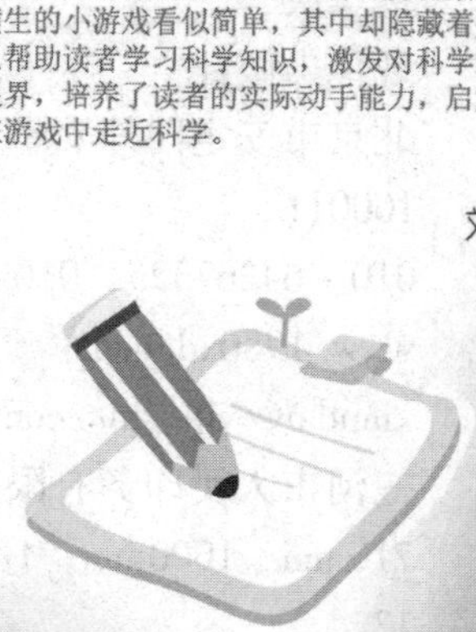

中国出版集团
现代出版社

图书在版编目（CIP）数据

玩游戏，学科学 / 刘鹏编著. — 北京：现代出版社，2011.9（2021年5月重印）

ISBN 978-7-5143-0269-1

Ⅰ. ①玩… Ⅱ. ①刘… Ⅲ. ①自然科学-青年读物②自然科学-少年读物 Ⅳ. ①N49

中国版本图书馆CIP数据核字（2011）第147827号

玩游戏，学科学

编　　著	刘　鹏
责任编辑	杨学庆
出版发行	现代出版社
地　　址	北京市安定门外安华里504号
邮政编码	100011
电　　话	010-64267325　010-64245264（兼传真）
网　　址	www.1980xd.com
电子信箱	xiandai@vip.sina.com
印　　刷	三河市人民印务有限公司
开　　本	710mm×1000mm　1/16
印　　张	13
版　　次	2011年10月第1版　2021年5月第8次印刷
书　　号	ISBN 978-7-5143-0269-1
定　　价	38.80元

版权所有，翻印必究；未经许可，不得转载

序

生活处处有科学

提起“科学”，不少人可能会认为它是科学家的专利，普通人“可望而不可即”。其实，科学并不高深莫测，科学早已渗入到我们的日常生活中，并无时无刻不在影响和改变着我们的生活。无论是仰望星空、俯视大地，还是近观我们周遭咫尺的器物，都处处可以发现有科学之原理蕴藏其中。即使是一些司空见惯的现象，其中也往往蕴涵深奥的科学知识。

科学史上的许多大发明大发现，也都是从微不足道的小现象中生发而来：牛顿从苹果落地撩起万有引力的神秘面纱；魏格纳从墙上地图揭示海陆分布的形成；阿基米德洗澡时从溢水现象中获得了研究浮力与密度问题的启示；瓦特从烧开水的水壶冒出的白雾中获得了改进蒸汽机性能的想象；大名鼎鼎的科学家伽利略通过观察吊灯的晃动中发现了钟摆的等时性……

所以说，科学就在你我身边。一位哲人曾说：“我们身边并不是缺少创新的事物，而是缺少发现创新的眼睛。”只要我们具备了一双“慧眼”，就会发现在我们的生活中，科学真是无处不在。

然而，在课堂上，在书本上，科学不时被一大堆公式和符号所掩盖，难免让人觉得枯燥和乏味，科学的光芒被掩盖，有趣的科学失去了它应有的魅力。

常言道，兴趣是最好的老师，只有从小培养起同学们对科学的兴趣，才能激发他们探索未知科学世界的热忱和勇气。拨开科学光芒下的迷雾，让同学们了解身边的科学、爱上科学。我们特为此精心编写了本书。

在编写时，我们尽量从生活中的现象出发，进行科学的阐述，又回归于日常生活。从白炽灯、自行车、电话这些平常的事物写起，从身边非常熟悉的东西展开视角，让同学们充分认识到：生活处处皆学问，现代生活处处有科技。

今天，人类已经进入了新的知识经济时代，青少年朋友是21世纪的栋梁，是国家的未来，民族的希望，学好科学是时代赋予他们的神圣使命。我们希望这套丛书能够激发同学们学习科学的兴趣，帮助同学们树立起正确的科学观，为学好科学、用好科学打下坚实的基础！

本丛书编委会

前　言

一个好玩有趣的世界，只有一颗充满好奇的心灵才能看见，而这种好奇天生就伴随着探索和学习的欲望。然而习惯会不断侵蚀人们的好奇心，使他们对自己周围的日常事物习以为常，而懒于探索和学习。并不是因为他们的科学知识已经够丰富了，世界就由此而变得生硬无趣，而是因为他们的视野被僵化了，好玩有趣的世界才远离了他们。为了弥补习惯对天生的好奇心所造成的侵蚀，我们需要以更多样的方式，更轻松愉快的形式对这个世界进行探索和研究，以便丰富这个世界的形象，正是这种丰富才能为我们的好奇心注入新的活力，使之长盛不衰。

而游戏无疑是被普通人，尤其是学生朋友易于接受的一种方式，比起实验室中复杂精密的实验仪器，用生活中易于得到的材料和工具做一些简单易行的小游戏，会让同学们觉得更加自然、亲切，也更易于接受。而通过游戏将课本中晦涩严肃的科学原理表现出来，也能使深奥的科学知识变得容易理解，贴近实际。

同学们亲自动手做科学游戏，在游戏中发现科学现象和原理，体验一次“小小科学家”的感觉，能够让他们在玩耍中充分发挥自己的想象力和创造力，激发他们的探索欲望，从而真正对科学产生长久而深入的兴趣。

这本《玩游戏，学科学》便是为好奇的同学写的一本好玩有趣的书，当然对于任何有着孩子般好奇心的成人来说，读这本书也是适合的。它的有趣不同于童话是阅读本身带来的，它更像一本游戏大合集。书中的每个游戏都配有图画和文字，既教给你怎么操作，也给你讲解游戏的结果和其中所蕴藏着的科学道理，还有一些有趣的科学趣闻可以增长见识。它的有趣就在于它所收集的游戏，虽然都十分简单，所用的器具也基本都是生活中常见的东西，但是并不意味着其中的现象是我们生活中能经常遇到的。正是因为它们就存在于我们的生活之中，而我们又从来没有这样实验过，它们的现象才更有趣，对它们的解释才更让人值得期待。

这些游戏既不针对人的身体技能进行训练，也不针对人的智力技能进行训练，而是在这些游戏的实施进程中展现出自然世界多种多样的现象，并且通过讲解其中的缘由让人对相关的科学知识有所了解，试图让人在直观上熟悉这种用自然的事物去解释自然的事物的科学方式。这也是这类游戏之所以显得轻松愉快的主要原因。

科学不只是为寻求答案而存在，我们必须不断地去询问、去学习，从今天自己所知道的地方出发，去寻找另一层次的过程才是有趣的。科学所具有的意义，就是这样一条扩展自我世界的道路。

今日青少年的走向，就是明日世界的未来。希望同学们能在小游戏中发现大科学，能在游戏中学习知识，在学习中掌握未来！

C O N T E N T S

目录

一、魔力无边的水

水是我们最常见的物质之一，是包括人类在内所有生命生存的重要资源，也是生物体最重要的组成部分。水在生命演化中起到了重要的作用。人类很早就开始对水产生了认识，东西方古代朴素的物质观中都把水视为一种基本的组成元素，水是中国古代五行之一；西方古代的四元素说中也有水。既然水如此重要，那么下面就让我们通过一系列好玩有趣的游戏体验水的魔力吧！

1. 飘在空中的水

动手做一做

俗话说："人往高处走，水往低处流。"那么怎样让水飘在空中，不落下来呢？

可以用这个方法来试一试，首先把一只玻璃杯灌满水，用一个平的塑料盖盖在上面。按紧盖，把杯子一下倒转过来。把手拿开，塑料盖却贴在杯子上，挡住了杯中的水流出。这样一来，水就能保持在空中，不落下来了。那你知道这其中的原理是什么吗？

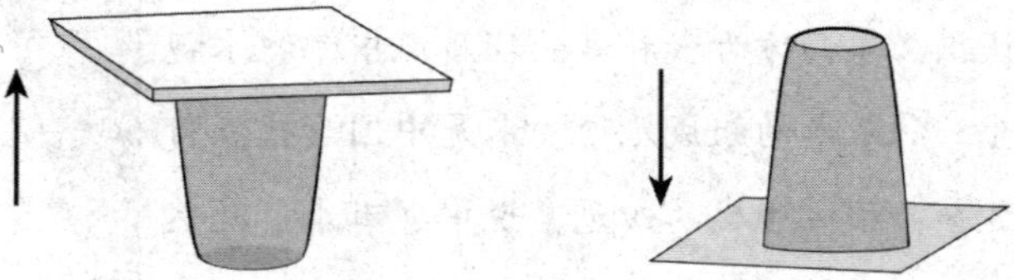

游戏中的科学

原来，在一只10厘米高的杯子里，水对塑料盖每平方厘米产生的重量为10克（因为1立方厘米的水重1克）。而盖外面的空气对塑料盖每平方厘米的压力却达1000克。它比水的重量大许多倍，因而死死顶住了塑料盖，既不让空气进入，也不让水溢出。

关于压力的实验，我们还可以来做一个小实验。想一想有没有办法让一块放在水里的手帕不被水浸湿呢？办法是把一块手帕紧紧塞在一只玻璃杯底部，然后把杯子倒过来朝下放入水中就可以了。

空气虽然是无形的，但它却是由细小的颗粒组成。倒过来的杯子里仍然有空气，它阻挡水进入杯中。然而，如果杯子入水很深，就会发现，还是有一些水进入杯子。这是因为逐渐增高的水压，压缩了杯中的空气。

趣味阅读

马德堡实验

在17世纪的时候，德国有一个热爱科学的市长，名叫格里克。1654年5月8日的这一天，美丽的马德堡市风和日丽，晴空万里，十分爽朗。格里克和助手做成两个半球，直径14英寸，即30多厘米，并请来一大队人马，在市郊做起“大型实验”。

一大批人围在实验场上，熙熙攘攘十分热闹。有的说这样，有的说那样；有的支持格里克，希望实验成功；有的断言实验会失败。人们在议论着，在争论着，在预言着；还有的人一边在大街小巷里往实验场跑，一边高声大叫：

“市长演马戏了！市长演马戏了！”

格里克和助手当众把这个黄铜的半球壳中间垫上橡皮圈；再把两个半球壳灌满水后合在一起；然后把水全部抽出，使球内形成真空；最后，把气嘴上的龙头拧紧封闭。这时，周围的大气把两个半球紧紧地压在一起。

格里克一挥手，4个马夫牵来8匹高头大马，在球的两边各拴4匹。格里克一声令下，4个马夫扬鞭催马、背道而拉，好像在“拔河”似的。

“加油！加油！”实验场上黑压压的人群一边整齐地喊着，一边打着拍子。

4 个马夫，8 匹大马，都搞得浑身是汗。但是，铜球仍是原封不动，格里克只好摇摇手暂停一下。

然后，左右两队，人马倍增。马夫们喝了些开水，擦擦额头上的汗水，又在准备着第二次表演。

格里克再一挥手，实验场上更是热闹非常。16 匹大马，死劲抗拉，8 个马夫在大声吆喊，挥鞭催马……

实验场上的人群，更是伸长脖子，一个劲儿地看着，不时地发出“哗！哗！”的响声。

突然，“啪！”的一声巨响，铜球分开成原来的两半，格里克举起这两个重重的半球自豪地向大家高声宣告：“女士们！先生们！市民们！你们该相信了吧！大气压是有的，大气压力大得这样厉害！这么惊人！……”

马德堡实验（绘画）

实验结束后，仍有些人不理解这两个半球为什么拉不开，七嘴八舌地问他，他又耐心地作着详尽的解释：“平时，我们将两个半球紧密合拢，无须用力，就会分开。这是因为球内球外都有大气压力的作用，相互抵消平衡了，好像没有大气作用似的。今天，我把它抽成真空后，球内没有向外的大气压力了，只有球外大气紧紧地压住这两个半球……”

通过这次“大型实验”，人们都终于相信有真空，有大气，大气有压力，大气压很惊人。但是，为了这次实验，格里克市长竟花费了 4000 英镑。

2. “绽放”的睡莲

动手做一做

纸做的花也能开放？按下面的步骤去做，你就可以看到花瓣以慢镜头的速度向外绽放的景观。

首先将一张平滑的纸剪成一个六角形的花，然后将花瓣全部向里折，并用彩笔涂上颜色。做完这些，把这朵纸睡莲放入水中，慢慢地，纸花开放了。也许你还不相信自己的眼睛，纸莲仿佛一个穿着白色连衣裙的姑娘，害羞地舒展开美丽的四肢，跳着美丽动人的舞蹈。这是怎么回事呀？难道是一双无形的手在掰开花瓣？还是这水有魔力？还是这纸产生神奇的作用？

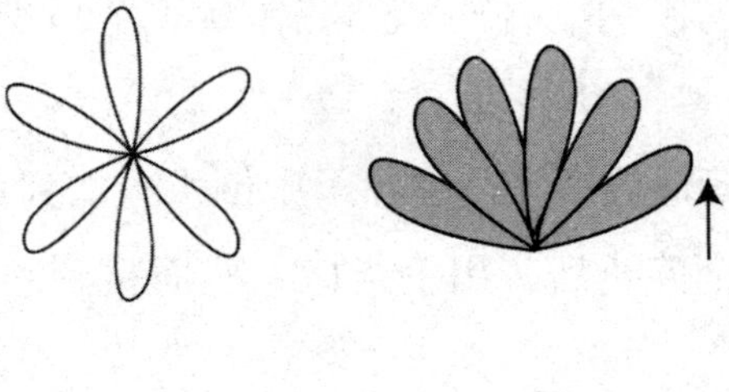

游戏中的科学

原来纸的主要材料是植物纤维，即极细的管道。通过分子间的相吸，水就会渗入这种所谓的毛细管中。纸开始膨胀，就像是凋谢植物的花朵放入水中那样，这朵纸做的睡莲的花瓣也会竖立起来，于是产生了纸花开放的美丽景象了。

这种现象叫做毛细现象，在自然界和日常生活中有许多这样的例子。植物茎内的导管就是植物体内的极细的毛细管，它能把土壤里的水分吸上来。砖块吸水、毛巾吸汗、粉笔吸墨水都是常见的毛细现象，在这些物体中有许多细小的孔道，起着毛细管的作用。

有些情况下毛细现象是有害的。例如，建筑房屋的时候，在砸实的地基中毛细管又多又细，它们会把土壤中的水分引上来，使得室内潮湿。建房时在地基上面铺油毡，就是为了防止毛细现象造成的潮湿。

3. 会游动的面粉

动手做一做

老鹰捉小鸡的游戏大家都玩过吧。那在下面的游戏中，我们用面粉做“小鸡”，用手指头做“老鹰”，玩一个另类的老鹰捉小鸡的游戏。

我们先把餐盘放到桌上，往盘子中倒水，加到大半盘水就行了。待盘子中的水完全静止后，用手指撒一些面粉到水面上。面粉只需用两个手指夹上一小撮就可以了。这样，水面上就有了许多不动的“小鸡”了。左手拿起肥皂，用右手的指尖擦上一些肥皂。然后把有肥皂的手指尖轻轻伸入餐盘中的水面上。你的手指就是“老鹰”。不要用手搅动水面，看看“小鸡”（也就是面粉）会怎样。是不是沾有肥皂的指尖一碰到水，水面上的面粉随即就四面散开了。看来，小鸡总是怕老鹰的，奇怪的是，你的手指根本没有搅动水呀！

游戏中的科学

原来，水有表面张力，表面张力是水分子形成的内聚性的连接。这种内聚性的连接是由于某一部分的分子被吸引到一起，分子间相互挤压形成的一层薄膜。这层薄膜形成之后可以隔离水和水面上的物质，使水面上的物质漂浮在水中。也就是说，是水的表面张力支撑住了面粉，使之不会沉下。而这种膜一旦破坏，就会改变水面上物质的运动方向。而清洁剂也就是肥皂恰恰降低了表面张力，水膜会突然破裂，陷入运动的水分子就会从突破处向外冲去，面粉就四散开来。

4. 冲不走的乒乓球

动手做一做

水可以将乒乓球冲走吗？或许你会说会，因为乒乓球很轻。其实未必！

我们用脸盆装上小半盆水，把一个乒乓球放在水面上漂浮着。再用水壶灌满一壶凉水，对准乒乓球往下浇去。奇怪的现象出现了：乒乓球被湍急的水流冲得不断地在水面上“跳动”，可是顶着水流始终在原地待着，并不往旁边“逃去”。随着盆里水位的升高，乒乓球也慢慢地浮起，却仍然不离开冲击它的水柱。这时，即使你让盆里的水震荡翻涌，乒乓球仍“赖”在那里不愿离去。

还可以再做一个实验：把乒乓球放在一张板凳上，只是要先倒水，然后把乒乓球放在水柱溅落处（先放在那里再倒水，球会被冲走），等水柱落到球上，就可以放手了。这时，乒乓球也会被水柱“定”在凳子上，不会冲走。假如你把水壶提着慢慢做前后、左右的移动，这个中了“魔力”的乒乓球就会听从指挥，跟着水柱一起移动。

游戏中的科学

原来，乒乓球周围水流动的时候，使得球周围的空气压力变小。只要球周围水流的情况有变化，那么它周围的空气压力就会跟着发生变化，乒乓球在这种压力作用下不断地调节，始终保持在水柱底部中央，不被水柱冲走。

5. 水中悬蛋

动手做一做

想一想能用什么办法使鸡蛋在水中不漂起又不沉下，而是悬浮在水中？

首先在玻璃杯里放 1/3 的水，加上食盐，直至不能溶化为止。再用一只杯子盛满清水，滴入一两滴蓝墨水，把水染蓝。准备一根筷子，沿着筷子，小心地把杯中的蓝色水慢慢倒入玻璃杯中。这时可以看到玻璃杯里下部为无色的浓盐水，上部是蓝色的淡水。动作轻而慢地把一只鸡蛋放入水里，它沉入蓝水，却浮在无色的盐水上，悬停在两层水的分界处。

游戏中的科学

这是因为生鸡蛋的相对密度（比重）比水大，所以会下沉。盐水的相对密度比鸡蛋大，鸡蛋就会上升。

趣味阅读

浮力原理的发现

公元前245年，赫农王给金匠一块金子让他做一顶纯金的皇冠。做好的皇冠尽管与先前的金子一样重，但国王还是怀疑金匠掺假了。他命令阿基米得鉴定皇冠是不是纯金的，但是不允许破坏皇冠。

这看起来是件不可能的事情。在公共浴室内，阿基米得注意到他的胳膊浮到水面。他的大脑中闪现出模糊不清的想法。他把胳膊完全放进水中，全身放松，这时胳膊又浮到水面。

他从浴盆中站起来，浴盆四周的水位下降；再坐下去时，浴盆中的水位又上升了。

他躺在浴盆中，水位则变得更高了，而他也感觉到自己变轻了。他站起来后，水位下降，他则感觉到自己重了。一定是水对身体产生向上的浮力才使得他感到自己轻了。

他把差不多同样大小的石块和木块同时放入浴盆，浸入到水中。石块下沉到水里，但是他感觉到石块变轻。他必须要向下按着木块才能把它浸到水里。这表明浮力与物体的排水量（物体体积）有关，而不是与物体的重量有关。物体在水中感觉有多重一定与它的密度（物体单位体积的质量）有关。

阿基米得在此找到了解决国王问题的方法，问题的关键在于密度。如果皇冠里面含有其他金属，它的密度会不相同，在重量相等的情况下，这个皇冠的体积是不同的。

把皇冠和同样重量的金子放进水里，结果发现皇冠排出的水量比金子的大，这表明皇冠是掺假的。

更为重要的是，阿基米得发现了浮力原理，即水对物体的浮力等于物体所排开水的重量。

6. 钓冰块游戏

动手做一做

你知道怎样让冰块“愿者上钩”吗？

找一支铅笔和一些丝线，然后把它们做成一根鱼竿。在一个杯子里装上水，然后让一个小小的冰块漂浮在水面上。如何才能用刚才做好的渔竿把冰块钓起来呢？首先把丝线头下降到冰块上，然后在冰块上撒几粒食盐。你会发现线头立刻就会冻结在冰块上，此时你就可以轻松地把冰块钓起来了。这是为什么呢？

游戏中的科学

食盐使冰块融化，这恰恰是几粒食盐在冰块上起的作用。一个物体融化时需要热量，于是热量被冰块表面上没有沾到盐粒的地方摄走，所以这里的液体立即重新结冰，把上面的线头冻在冰块上，于是就可以把它钓上来了。

7. 能打结的水

动手做一做

我们知道，线绳可以打结，但是水是液体，如何能打结呢？其实，只要我们多去了解一些科学原理，就能明白其中的奥妙。

首先，取一个罐头桶，在靠近底部并排钻五个2毫米直径的小孔。把桶放置在水龙头下方，打开水龙头，让水从五个孔中流出。此时，你用手指在五个孔上滑过，五股水流就会合并起来，就好像是扭在了一起，如同被打了结一样。

游戏中的科学

水之所以会有如此现象，是因为水分子是相互吸引的，并因此在内部产生一种使液体表面缩小的趋势（表面张力），这也是水滴形成的力量。我们在这个实验中，可以清楚地看到这种力量：它使水流导向侧旁，然后统合起来。

趣味阅读

关于水的趣闻

如果全年的降雨都不流失而汇集在地面上，亦不渗透的话，人们就要在平均近 1 米深的水中行走。

如果天不下雨，地球上可用淡水仅够人类用四年多。

如果南极的冰川都化成水，地球上的海水将上升 60 米，许多城市将被淹没。

如果把世界最高的珠穆朗玛峰放入海最深的地方，山顶峰距海面还差 2 千米。

8. 两根吸管吸不出水

动手做一做

吸管是我们喝饮料的常用工具，方便好用。通常，我们只用一根吸管就能顺利喝到饮料了，那么如果我们用两根吸管呢？不过要用我们说的方法来吸：口含两根吸管，一根插到一个装有饮料的杯子里，另一根露在杯子外面，你能从吸管中吸出饮料吗？注意不要用舌头堵住露在杯子外面的那根吸管，也不要用手指堵住这根吸管的另一头。

结果是，无论你如何努力，饮料都是纹丝不动的。这是怎么回事呢？

游戏中的科学

在一般情况下，我们用吸管来喝饮料时，嘴就好比一个真空泵，吸气时口腔的气压就降低了，由于空气压力要保持平衡，外面的气压比口腔内的气压大，大气压压迫饮料的表面，就把饮料沿着吸管压到口腔里来了。如果我们口含两根吸管，那根露在杯子外的吸管就会使你的口腔无法形成“真空泵”。

换句话说，你口腔的这台“真空泵”漏气，这样口腔中的压力和外面的大气压一样，水依然原封不动地留在杯子里，当然你就吸不到水了。

趣味阅读

吸管的由来

吸管是美国人马文·史东在1888年发明的。19世纪，美国人喜欢喝冰凉的淡香酒，为了避免口中的热气减低了酒的冰冻劲，因此喝时不用嘴直接饮用，而以中空的天然麦秆来吸饮，可是天然麦秆容易折断，它本身的味道也会渗入酒中。

当时，美国有一名烟卷制造商马文·史东，从烟卷中得到灵感，制造了一支纸吸管。试饮之下，既不会断裂，也没有怪味。从此，人们不只在喝淡香酒时使用吸管，喝其他冰凉饮料时，也喜欢使用纸吸管。塑胶发明后，因塑胶的柔韧性、美观性都胜于纸吸管，所以纸吸管便被五颜六色的塑胶吸管取代了。不过，发明人马文并没有申请专利。

9. 好玩的复冰

动手做一做

你知道什么是复冰吗？如果你不知道，我们接下来玩个有趣的游戏你就明白其中的奥妙了。

首先，将细铁丝的两端各拴上一个砖头，要拴得紧一些。然后取一块冰放在碟子里，同时将拴有砖头的铁丝放在冰块上，使两端砖头下垂，这样把冰块就受力于两端的砖头上了。仔细观察，大约几秒的时间内，铁丝逐渐进入了冰块中，而冰块又重新冻结在一起了。

游戏中，冰块重新冻结在一起的现象就是我们说的复冰。可是，为什么会有这样的现象发生呢？

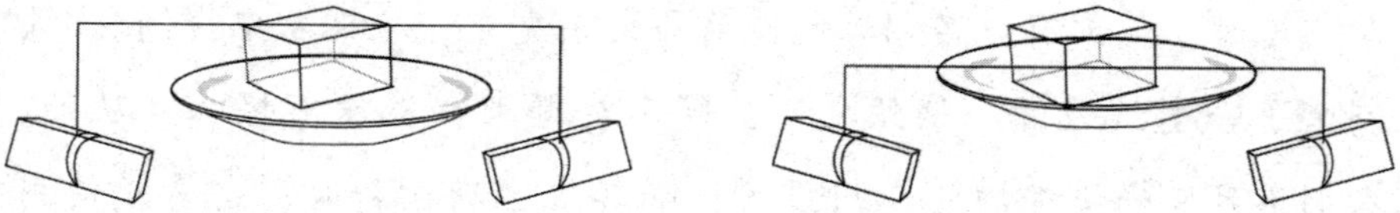

游戏中的科学

这是因为，铁丝在冰块上的压力降低了冰的熔点，使铁丝下面的冰块融化了，因此铁丝在几秒钟内就进入了冰块。而当铁丝渗入冰块中后，冰块就没有什么压力了，因此又会冻结在一起了。

10. 制作玻璃冰花

动手做一做

冬天的时候，如果我们留心观察，玻璃上会结出很漂亮的冰花。也许你认为，这么美丽的窗花，是只能在冬天才能看到的美丽景色。其实，这可不一定哦。

首先，我们准备一杯热水，将玻璃放在热水之上，使热水上的蒸汽散布到玻璃上。然后，我们将带有水蒸气的玻璃放入冰箱内。5分钟后，从冰箱中取出玻璃，你会发现玻璃上结了一层冰，花纹非常的美丽，就是我们平时见到的玻璃冰花了。神奇吧？

游戏中的科学

当我们将玻璃放在水杯上的时候，杯子中的水蒸气就会附在玻璃上。而我们再把玻璃放进冰箱，这时候玻璃上的水蒸气受冷就会凝结成冰，就是我们看到的冰花了。生活中，玻璃窗的作用就是隔离室内和室外的，因此往往是室内温度高，而室外温度低，低温很容易使玻璃上结满冰花。

趣味阅读

冰花是怎样形成的

在冬、春季节，我国的不少地区都会出现冰花的自然现象。一夜之间，所有的树木都变成了琼枝玉叶，在晨光的照射下，呈现银白色，分外玲珑可爱。

那么，为什么树上会出现冰花的呢？

原来，这和雾气有关系。在冬、春季节，有些地区温度虽然很低甚至在零度以下，但雾中的水滴还仍然呈现为液态，并未冻成冰晶，这是因为当时雾中缺乏在该温度下的活跃冻结核所致。

一旦这种零度以下的液态雾滴通过树枝时，就与树枝相碰，冻在树枝上。如果雾滴很小，雾滴的温度又特别低，那么，冻结就进行得很快，这时在树枝上的冻结物往往是由许多小颗粒冰珠所组成的。各颗粒间含有空气间隙，所以，在光线的照射下呈银白色。

如果雾滴较大且温度较高，那么，冻结时热量不易发散，就有一部分呈液态在枝上漫流，然后再渐渐冻结。由于漫流时，气隙被填没，所以，冻结物就形成较透明的冰层，覆盖在树枝外。

有时，经过冷却的雾滴与透明冰层同时存在，雾滴的水分汽化，这些水汽又在玻璃状冰层表面凝华下来，呈毛茸茸的白色结晶状态，很像霜花。

二、神通广大的火

火是一种让人又爱又恨的东西，它可以在瞬间烧毁您的家园，也可以将整片森林化为一片灰烬。同时，它还是一种令人恐惧的武器，具有极为巨大的破坏力。据报道，每年死于火灾的人数多于任何其他自然灾害的死亡人数。

但另一方面，火为人类带来的益处也是无法估量的。它为人类提供了第一种可移动的光和热，我们还能用它来烹饪食物、铸造金属工具、烧制陶瓷和砖瓦以及驱动发电厂。

事实上，很少有物质像火一样为人类带来无穷祸害，也很少有事物像火一样为人类带来无穷益处。火无疑是人类历史中最重要的力量之一。那就让我们在下面的游戏中领教它的神通广大吧！

1. 神奇的火焰

动手做一做

我们利用刚喝完酒的酒瓶做个好玩的小魔术吧，这一定会使你的朋友大开眼界！

首先，我们取一根香烟，点燃后把香烟所散发出来的烟雾吹进酒瓶。然后再找一个打火机，使打火机的火焰对准瓶口。你会突然听到“嘭”的一声响，这个时候只见瓶中立刻出现一条好看的蓝色火焰向瓶口的下方移动。你知道这种神奇的现象是怎么发生的吗？

游戏中的科学

之所以会出现这样神奇的现象，是因为刚喝完酒的瓶子里还有一些酒精存在，而香烟的烟雾中含有碳的微小粒子。当酒精的分子和碳分子碰在一起的时候，遇到明火就会发生燃烧的现象。而当火焰到达瓶口的时候，瓶口很少的酒精很快就被燃尽了，因此火焰才会向下移动。火焰一直到瓶中酒精燃烧干净才会停止。

注意事项：做这个游戏的时候一定要确保瓶子是空的，里面没有存酒才是最安全的。

科学小知识

酒精灯为什么不能用嘴吹熄?

众所周知，在化学实验中，很多实验离不开酒精灯，初三化学的开篇实验中，镁带的燃烧就需要用到酒精灯。这时候，我们老师通常的做法是，告诉学生酒精灯不能用嘴吹熄。但为什么不用嘴吹熄呢？不仅仅是同学们有这样的疑问，恐怕许多老师对这个问题也是非常模糊，一般在教学过程中都是一语带过，或者是有学生问到这一问题时，采取模糊处理。那么，为什么酒精灯不能用嘴吹熄呢？

这是因为，用嘴吹熄酒精灯可能会引起灯壶内酒精燃烧，形成“火雨”。当用嘴吹熄酒精灯的时候，由于往灯壶内吹入了空气，灯壶内的酒精蒸汽和空气在灯壶内迅速燃烧，形成很大气流往外猛冲，同时有闷响声，这时候就形成了“火雨”，造成危险。而且酒精灯中的酒精越少，留下的空间越大，在天气炎热的时候，也会在灯壶内形成酒精蒸汽和空气的混合物，会给下次点燃酒精灯带来不安全因素。因此，不能用嘴吹熄酒精灯。

因为酒精易挥发，挥发后的酒精和空气的混合气体可以燃烧和爆炸，用嘴吹的话，可能使高温的空气倒流入瓶内，引起爆炸。

正确熄灭酒精灯的办法是用瓶盖盖住，切断氧气来灭火，但是动作要迅速，等火一熄灭就要把瓶盖立刻拿下来，不然盖子会在酒精灯上拿不下来。

2. 口吞烈火

动手做一做

也许你见过“口吞烈火”的魔术表演，它一定使你惊叹不已。火能伤身，难道魔术师就不怕烈火灼烧？其实，魔术师也是凡人。如果你知道了“口吞烈火”的奥秘，你也能像魔术师一样“吞火吐烟”。

从集市上买点新鲜草莓，取出其中数枚，洗净放入烧杯中。再向烧杯中倒入高浓度的白酒，让草莓在白酒中浸泡半个小时。然后用筷子夹起一枚草莓放在酒精灯上点燃，草莓立刻就烧成了一个火球。将点燃的草莓迅速送入口中，千万别怕火灼伤你的嘴巴，屏住呼吸，一会儿你就可以品尝这“火”草莓味道如何。怎么样？吃起来别有一番滋味吧。

游戏中的科学

原来，含有较多水分的新鲜草莓浸泡在白酒中，由于白酒中溶剂水的渗透，会使草莓中水分增多。草莓点燃后，附着在草莓外壁的酒精开始燃烧，而草莓本身则受热蒸发水分。由于水的蒸发会吸去酒精燃烧时释放的大量热量，所以草莓自身的温度升高得并不多。此外，“烈火”的内焰由于供氧不足，酒精燃烧不充分，放出的热量并不是太多，因此燃着的草莓温度并不高。而火焰外焰温度虽高，你由于你迅速闭上嘴，停止吸气几秒钟，火焰会因与空气隔绝，没有氧气而熄灭。这样“口吞烈火”必然是安然无恙的了。

注意事项：注意用火安全，请在家长指导下进行实验。

3. 火造纸币

动手做一做

火也能造出纸币来，你一定会感到这是奇闻。可是，事实上确实存在此事。前几天，有一位魔术师在百货商店买东西，他在交钱时，从钱包里取出一张白纸来，这张纸的大小和十元的票面一样大，随后将这张白纸送到服务员眼前，说：“服务员同志，我就用这个交款吧。”服务员看见他拿的这张白纸，不解其意地说：“你有没有搞错？”还没等服务员说完，只见这位魔术师将白纸往烟头上一触，说时迟那时快，只见火光一闪，眼前出现了一张十元钱的人民币。服务员被弄得目瞪口呆，神情愕然，引起了在场的观众哄堂大笑。然后，他同服务员说明了真相。同学们，你知道这位魔术师表演的“火造纸币”奥秘在哪里吗？

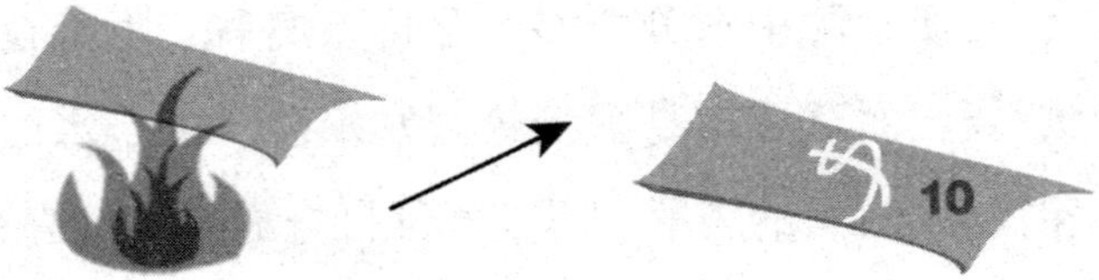

游戏中的科学

原来，他的这张白纸是在人民币上贴了一层火药棉制成的。火药棉在化学上叫做硝化纤维，是用普通的脱脂棉放在按照一定比例配制的浓硫酸和浓硝酸中，二者发生了硝化反应，反应后生成硝化纤维，即成了火药棉，然后把火药棉溶解在乙醚和乙醇的混合液中，便成了火棉胶，把火棉胶涂在十元的人民币票面上，于是一张“白纸币”造成了。

这种火药棉有个特殊的脾气，就是它的燃点很低，极易燃烧，一碰到火星便瞬间消失，燃烧速度快得惊人，甚至燃烧时产生的热量还没有来得及传出去就已经全部烧光了。所以，十元钱的纸币还没有受到热量的袭击时，外层的火药棉就已经燃光了，因此，纸币十分安全。“火造纸币”是有趣的，不过，这里要郑重地说明：千万不要随便玩它，弄不好，不但火药棉制不出来，还容易发生危险。要玩“火造纸币”就更不容易了，如果掌握不好药品的数量，那么十块钱就要和火药棉同归于尽了。

4. 能点燃的糖

动手做一做

方糖也可以燃烧吗？取一块方糖，置于一个金属盒盖上，用火柴试试，看它是否可以点燃？试过后发现，燃烧不起来！

但是如果你改变一种方式呢？比如你将方糖的一角放上少许的香烟灰，然后在香烟灰上放一支燃烧的火柴，此时你会发现方糖立即就会冒出蓝色的火焰燃烧起来，直到最后完全融化。难道烟灰是可以被点燃的吗？我们和刚才的方糖一样再做一个实验吧。取烟灰适量，点燃火柴，然后将燃烧着的火柴放在烟灰上，结果发现烟灰是不能被点燃的。

很神奇吧？有了烟灰的存在，方糖就能燃烧！这是怎么回事呢？

游戏中的科学

其实烟灰和方糖本身都是不能被点燃的，但是当它们放在一起的时候，烟灰却可以引发方糖的燃烧过程。原来在烟草中，含有许多锂的化合物，当烟烧成灰烬后，锂就剩在灰烬中。锂不但化学性质很活泼，还能当催化剂，用来加快一些化学反应，糖块能燃烧就是一个例子。这种现象被我们称为催化现象。

科学小知识

催化剂小常识

说到催化剂，相信大家都不陌生吧，首先还是来介绍一下催化剂的概念吧！催化剂，就是在化学反应里，能改变其他物质的化学反应速度，而本身质量和化学性质在化学反应前后都没有改变的物质。在催化剂的定义中，同学们有没有注意到“能改变其他物质的化学反应速度”这一段话？这段话很重要，催化剂是“改变”其他物质的化学反应速度，这就包含两个意思，一是加快，二是减慢。很多人都认为，催化剂是加快其他物质的化学反应速度，其实这是一个误区。

在化学中，我们把加快化学反应速度的催化剂叫做正催化剂，把减慢化学反应的催化剂叫做负催化剂或阻化剂。最熟悉的正催化剂例子，就是二氧化锰在氯酸钾受热分解中起催化作用的那个实验，二氧化锰在实验中就是正催化剂。为了防止食用油脂的酸败，通常要加入0.01%—0.02%的没食子酸正丙脂，在这里，没食子酸正丙脂就是负催化剂。

催化剂在化学反应中的作用是改变化学反应速度，并不是说没有催化剂化学反应就不能进行，它更不可能提高反应后产品的总产量。还是拿氯酸钾受热分解的反应来说吧！如果不加催化剂，氯酸钾在高温至熔化时也能分解，而且分解后所得物质质量，和加了催化剂后分解所得物质质量（除去催化剂质量）是一样的！

5. 死灰复燃

动手做一做

人们经常用死灰复燃来形容事情有了转机。实际上，死灰复燃也是一种常见的科学现象。让我们先来做个试验。

在一个不通风的房间里点燃一支蜡烛，燃烧一会儿的蜡烛顶端烧成了杯状。将点燃的蜡烛吹灭后，我们会看到吹灭后的蜡烛冒出了青烟。立刻点燃火柴，然后拿到烛心的上方，你会发现燃着的火柴还未接触到烛心，蜡烛便又燃烧起来。这是怎么回事呢？

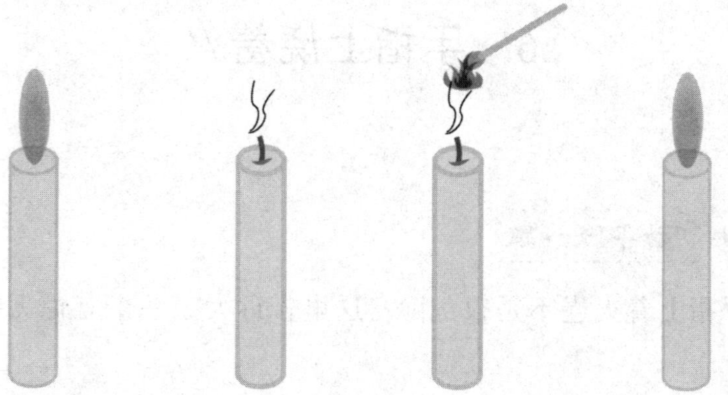

游戏中的科学

点着蜡烛后，可看到蜡烛顶端的蜡慢慢熔化，顶端明显地烧成了杯状，在“杯”中盛着熔成液状的烛油。然后，烛油沿着烛芯爬升上去，在烛芯上端达到燃点而烧起来，在燃烧产生的热量的作用下，烛油会汽化成“青烟”。显然，“青烟”就是蜡的气体状态，它是一种碳氢化合物，碳氢化合物具有易燃性，所以在蜡烛熄灭后，趁碳氢化合物尚未散开之际，立刻拿点燃的火柴靠近蜡烛，烛心就会立刻被点燃，继续燃烧。

我们还可以利用这个原理做另外一个小实验，把一朵火焰变成两朵。首先将蜡烛固定在桌子上，另外用铅丝将中空的玻璃管绞住，使铅丝成为一个柄。点燃蜡烛后，使用铅丝柄拿起玻璃管的一端，放到烛火的火焰中间，再用点燃的火柴去另外的一端引燃，另外一端的管口也会冒出一朵火焰，这时一根玻璃管便出现了两朵火焰。

这同样是因为玻璃管中进入了蜡油的蒸气，也就是易燃的碳氢化合物，这时用火一引，它便在另一头燃烧起来。

6. 手指上烧着火

动手做一做

手指上着火岂不是很危险？这里告诉大家一个有惊无险的好办法。

将线手套用水浸透，挤去水后带在左手上，手指伸进盛有 40% 酒精的烧杯中浸湿，再把手伸到酒精灯火焰上引燃。为了看清手指在燃烧，可用右手取一张纸条在左手指上方引燃。当左手感觉热时，便可用力握拳使手套内的水渗出将火熄灭，所以说这是一个有惊无险的实验。这是为什么呢？

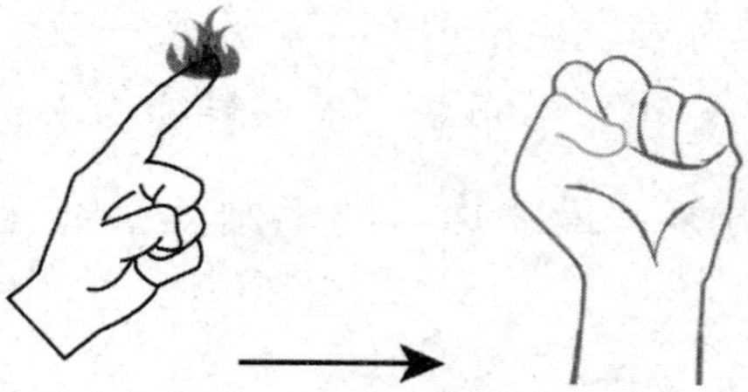

游戏中的科学

由于40%的酒精溶液中，乙醇沸点低（78 摄氏度），水的沸点高（100 摄氏度），乙醇燃烧产生的热量消耗在水分的蒸发上，而湿手套上的水又是把手先润湿的，所以手指感觉到热时需要酒精燃烧一段时间。

7. 会写字的火光

动手做一做

利用香灰和一些小器具，我们可以让火光在纸上龙飞凤舞地写出你设计好的字来，是不是很想试一试？

首先用火柴点燃几只线香，收集燃烧后的香灰，把香灰放入玻璃杯中，加水摇匀。然后在吸管中塞入少量纸巾，制成简易的过滤器。拿滴管在杯子里吸取少量的香灰水，从吸管的一端滴入，让过滤出来的液体流进另一个杯子，溶液基本是透明的，如此反复操作几次。

接下来用毛笔蘸着滤清的香灰水，在纸上随便写几个字，然后晾干。最后，就是奇迹发生的时刻了，点燃一支新的线香，在你写过的每个字的起笔处烧一个小洞，你会看到许多星星点点的火沿着笔迹慢慢地延展开来，最终你写的笔画就全部变成了黑色！很神奇吧！

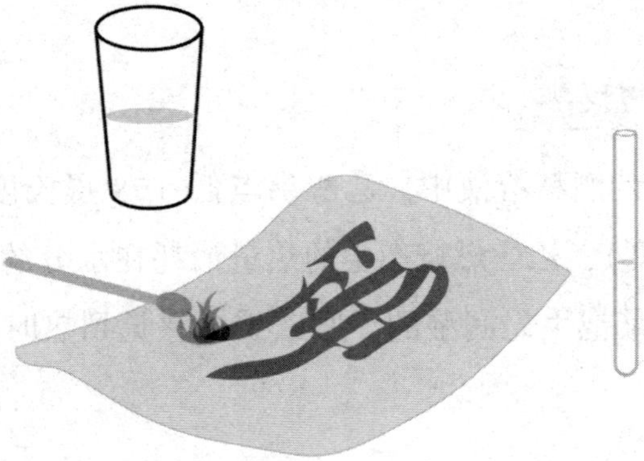

游戏中的科学

原来，香灰中有一种含钾化合物，这种化合物可溶于水，并能降低纸的燃点。所以纸张上涂有香灰水的地方比较容易燃烧，而且星星之火不易熄灭，蔓延开来就像火光会自己写字一样。

注意事项：用毛笔写的字的笔画最好能连起来，以便火光能连续地燃烧。

8. 吸过来的火焰

动手做一做

风吹过火焰，火焰反而向风吹来的方向倾斜，仿佛被风吸过来一般。你见过这种奇观吗？下面的游戏就为你展示这一奇观，动手试试吧！

先用火柴点燃蜡烛，拿一个漏斗，尖口朝向自己，宽口朝向蜡烛，然后向蜡烛吹气。此时，火焰不但没有熄灭，反而倾向三角形漏斗。是不是有点奇怪？

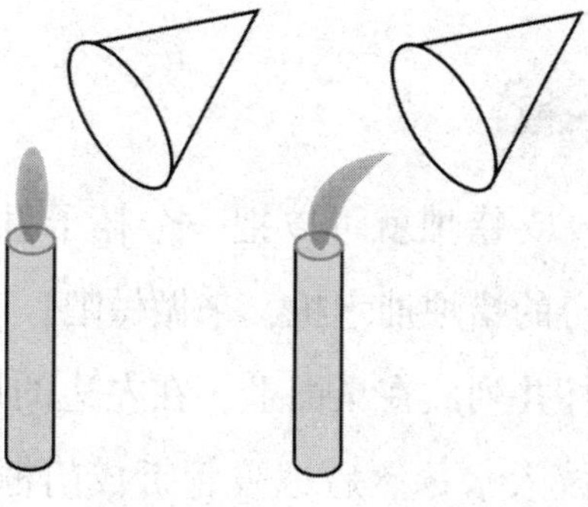

游戏中的科学

其实，当我们用三角形漏斗向烛火吹气时，所吹出来的风与空气对流 形成一股气流。对流快的地方，大气压力便相对较弱，周围较大的大气压力迫使烛火倾向吹气的人。而他人看起来，就好像是三角形漏斗把烛火吸过来一样。

我们再来看另外一个类似的实验，烟雾不再向上飘，而是向下飘。同样，先用火柴点燃一支线香，拧开水龙头，把水开到最大。然后用线香靠近水龙头的出口处，慢慢沿着水流向下移动，此时线香的烟不再向上飘，而是向下飘。

原理跟火焰一样，自来水的水流因为地球重力的作用以很大的速度向下流动，且落下时具有重力加速度。如果水的落下速度达到一定程度，其四周的气压也会下降。于是水流四周的空气也向下飘动，线香的烟也因此被带动而向下飘动。

9. 蜡烛抽水机

动手做一做

用一支吸管和一支蜡烛就可以把一个杯子里面的水抽到另一个杯子里，这就是神奇的蜡烛抽水机，来做做吧！

先把两个玻璃杯并列放在桌面上，在左边的玻璃杯中点燃蜡烛，在右边的玻璃杯中放入水。然后把吸管折成门框形，在一张硬纸板上面用剪刀剪一个小洞，把折好的吸管的一端穿过去。

接下来需要把硬纸板放在左边有蜡烛的杯子上面，为保证实验的成功，可以用橡皮泥把硬纸板与杯子接触的地方密封好，并把硬纸板与吸管的接触处也密封好。做完这些，可以把吸管的另一端放在右边杯子的水中，过一会儿，你会发现水慢慢从右边的杯子流入了左边的杯子。

游戏中的科学

这个蜡烛抽水机还不错吧，其实原理很简单，蜡烛燃烧用去了左边杯子里面的氧气，因而左边杯子中的气压就降低了，而右边杯子中的气压仍然正常，所以水就被压进了左边杯子里面。等到两个杯子里面水的表面所承受的压力相等时，水就不流动了。

10. 会自己剥皮的香蕉

动手做一做

做这个游戏以前，先准备一只香蕉、一个酒瓶、一些度数比较高的白酒（有酒精更好）。我们知道，在水果里，香蕉是比较容易剥皮的，所以，如果我们这个游戏做得成功，我们就可以亲眼看到香蕉皮是怎样“自行”脱落的。

拿一只稍微熟过头的香蕉，把末端的皮剥开一点儿备用。找一个瓶口能足以让香蕉肉进到里面去的酒瓶。

在瓶内倒进少量白酒（或酒精），用一根点着的火柴或燃着的纸片把瓶内的酒点燃，然后立即把香蕉的末端放在瓶口上，使瓶口完全被香蕉肉堵住，让香蕉皮搭在瓶口外面。

这时，你会惊奇地看到一个有趣的现象：瓶子像是具有魔力，拼命地把香蕉往里吞吸，还发出吵嚷声。最后，香蕉肉被瓶子吸进去了，而香蕉皮却“自行”脱落，留在了瓶口。

这是怎么回事呢？

游戏中的科学

原来，这是因为燃烧的白酒（酒精）耗尽了空气中的氧气，瓶子里的压力比瓶外的压力小了，因此，外面的空气推着香蕉进入了瓶中。

注意事项：如果放上香蕉以后，瓶口没有被完全堵死，这个游戏就不容易做成了。另外，如果是因为香蕉不太熟，游戏没有成功，你可以预先在香蕉皮上竖着划两三个切口，再做时，就会容易一些。

11. 谁的气球飞得高

动手做一做

买的气球一不小心，就会飞上高高的蓝天。这是因为这种气球里装了比空气要轻的氢气。我们自己也可以动手做一只气球，不过，我们不容易弄到氢气。这没关系，我们做只热气球，也能让它飞上天。

找一只纸质较轻的纸袋或6张薄棉纸；再准备好胶水（或糨糊）、铁丝（或胶带）、棉花、酒精（或度数较高的白酒）。

先用铁丝编一只简单的小筐，筐的上口和纸袋的口大小相同，再用几截短铁丝或几条胶带把小筐挂在纸袋下面。筐里放一个罐头盒盖（或其他铁盖），里面放一团用酒精（或白酒）浸湿的棉花，并把它点燃；也可以找一块点燃了的固体燃料。这时，这只热气球就可以升空了。为了注意安全，这个游戏必须拿到野外去做。千万要注意防火。

尽管这里只有一小团酒精棉花，即使没有风，气球也能升得很高。参加游戏的小朋友比比看，谁的气球升得最高？要是把热气球做得漂亮些，效果肯定会更好一些。用6张薄棉纸，剪成图中所绘的形状，把纸条粘成一个球形，顶端再粘一块圆片，在上面再涂上你喜欢的颜色，一只漂亮的热气球就做好了。你还可以系上一根风筝线，防止气球飘走。

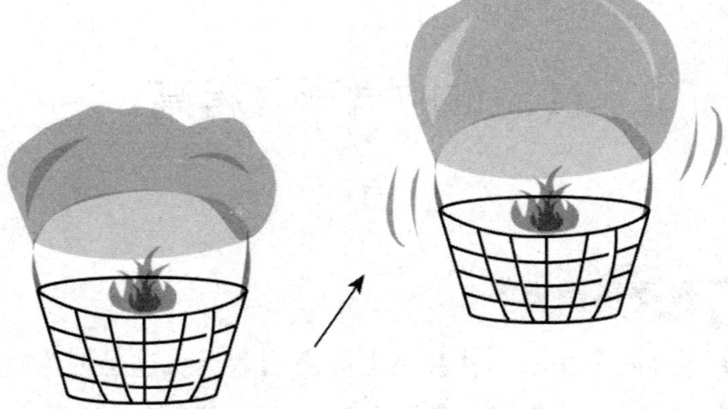

游戏中的科学

热气球能飞上天，是因为热空气比冷空气要轻，所以热空气会带着气球升上天去。

三、五彩斑斓的光

光每时每刻都在我们身边。光有自然光，如太阳光等；也有人造光，如烛光、灯光等。在人们的生活中离不开光，其实绘画、雕塑、建筑、工艺品也要依靠光，只有在光的映衬下，艺术作品才会显得更加生动迷人。

光就像是个高明的魔术师，因为有光，我们才会看到这个五彩缤纷的世界。不过，光也并不是无所不能，我们走路或跑步时，如果前面有障碍物，我们可以绕过去，但光却不能。光只能停步，所以物体背面出现影子。

利用光，可以做好多有趣的游戏。现在就让我们一起来做有关光的游戏，体验光的乐趣无穷吧！

1. 美丽的彩虹

动手做一做

我们都知道，天上的彩虹十分美丽，那我们有没有办法制作出与空中彩虹颜色一样的“人造彩虹”呢？其实只需要手电筒和水就可以制造出来了，很简单哦！

首先在长方形的托盘中注入适量的水，然后把镜子斜靠在长方形托盘的一边。打开手电筒，照射镜子浸在水中的那一部分。准备一张白纸放在镜子的前上方，让光刚好可以反射在白纸上。这时候，观察白纸，白纸上就出现了一道“彩虹”，有红、橙、黄、绿、青、蓝、紫七种颜色。

游戏中的科学

虽然手电筒的光看起来是白色的，其实这种白光是用红、橙、黄、绿、青、蓝、紫七种不同颜色，不同波长的光组成的。当手电筒的光照射到镜子上的时候被镜子反射。反射回来的光线原路返回，在穿过水层时又发生了折射现象。七种颜色的光在折射后，形成了不同的角度，在不同位置穿出水面并射到白纸上，从而形成了一道美丽的“彩虹”。

趣味阅读

双彩虹

很多时候我们会见到两条彩虹同时出现，在平常的彩虹外边出现同心，较暗的是副虹（又称霓）。在水滴内经过一次反射的光线，便形成我们常见的彩虹（主虹）。若光线在水滴内进行了两次反射，便会产生第二道彩虹（霓）。霓的颜色排列次序跟主虹是相反的。由于每次反射均会损失一些光能量，因此霓的光亮度亦较弱。两次反射最强烈的反射角出现在50°至53°，所以副虹位置在主虹之外。因为有两次的反射，副虹的颜色次序跟主虹反转，外侧为蓝色，内侧为红色。副虹其实一定跟随主虹存在，只是因为它的光线强度较低，所以有时不被肉眼察觉而已。

1307年，欧洲已有人提出彩虹是由水滴对阳光的折射及反射而形成的。笛卡儿在1637年发现水滴的大小不会影响光线的折射。他以玻璃球注入水来进行实验，得出水对光的折射指数，用数学证明彩虹的主虹是水滴内的反射造成，而副虹则是两次反射造成。他准确计算出彩虹的角度，但未能解释彩虹的七彩颜色。后来牛顿以玻璃菱镜展示把太阳光散射成彩色之后，关于彩虹的形成的光学原理全部被发现。

2. 照相机暗箱里的秘密

动手做一做

你知道照相机暗箱里面是怎样的吗？有兴趣的话，想办法做个代用品，亲自观察一下，你一定会感到既新鲜又有趣。

找一个没有盖的旧铁盒（如空罐头盒）、一张蜡纸或油纸、一根皮筋（或细线）、一块大一些的黑布（或毛毯）。

先在罐头盒底部的中心打一个小洞（注意洞不要太大），把半透明的油纸或蜡纸蒙在罐头盒的口上，用皮筋绑上或用细线系住。把这个罐头盒放在一个窗台上，从这个窗子看过去，要能看到被太阳照射着的另一间房子、树木或其他景色。这时，你用那块大黑布（或不透光的毯子）盖住你的头和罐头盒（别把钻有小洞的盒底遮住了），使你的眼睛离纸大约30厘米远，这时你会看到一幅带有天然色彩的图景，这幅图景比实物要小一些，而且是倒着的！

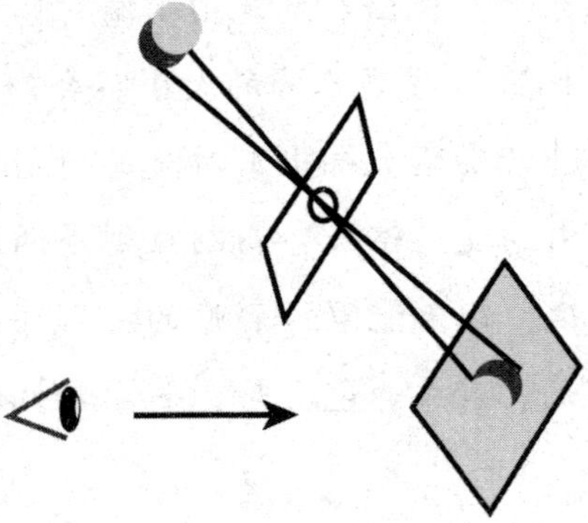

当然，这幅画的画面不可能很亮，如果你把小孔稍稍开大一点，画面可能会更亮一些，但就不那么清晰了。

游戏中的科学

照相机的暗箱里就是这样让外面的景物倒映在装在里面的胶片上的，只不过照相机的“小孔”前装有一块小透镜。所以，它得到的画面又清晰又明亮。

趣味阅读

照相机的出现

照相机是用于摄影的光学器械。被摄景物反射出的光线通过照相镜头（摄景物镜）和控制曝光量的快门聚焦后，被摄景物在暗箱内的感光材料上形成潜像，经冲洗处理（即显影、定影）构成永久性的影像，这种技术称为摄影术。

最早的照相机结构十分简单，仅包括暗箱、镜头和感光材料。现代照相机比较复杂，具有镜头、光圈、快门、测距、取景、测光、输片、计数、自拍等系统，是一种结合光学、精密机械、电子技术和化学等技术的复杂产品。

在公元前400年前，墨子所著《墨经》中已有针孔成像的记载；13世纪，在欧洲出现了利用针孔成像原理制成的映像暗箱，人走进暗箱观赏映像或描画景物；1550年，意大利的卡尔达诺将双凸透镜置于原来的针孔位置上，映像的效果比暗箱更为明亮清晰；1558年，意大利的巴尔巴罗又在卡尔达诺的装置上加上光圈，使成像清晰度大为提高；1665年，德国僧侣约翰设计制作了一种小型的可携带的单镜头反光映像暗箱，因为当时没有感光材料，这种暗箱只能用于绘画。

1822 年，法国的涅普斯在感光材料上制出了世界上第一张照片，但成像不太清晰，而且需要八个小时的曝光。1826 年，他又在涂有感光性沥青的锡基底版上，通过暗箱拍摄了一张照片。

3. 善变的光线

动手做一做

你听说过光线的颜色会变来变去吗？下面教你一个游戏，这个游戏很有趣——杯子里的颜色一会儿看是粉红的，一会儿看是淡蓝的。如果你把这个游戏做成功了，别人可能会说你是在变魔术，甚至有人会说你在施展“幻术”。

向盛有水的玻璃杯中滴一些牛奶，然后用筷子把水搅浑。接下来把玻璃杯放在桌子上，打开手电筒，并把它平放在玻璃杯的侧面。此时注意观察水的颜色，发现水似乎变成了粉红色，而手电筒射在水里的光线是橘黄色的。

再把手电筒对准玻璃杯杯口，让光线垂直射到玻璃杯的水面上。此时，可以发现，水变成了淡蓝色。

这是怎么回事呢？真是在玩魔术，还是一种幻觉？

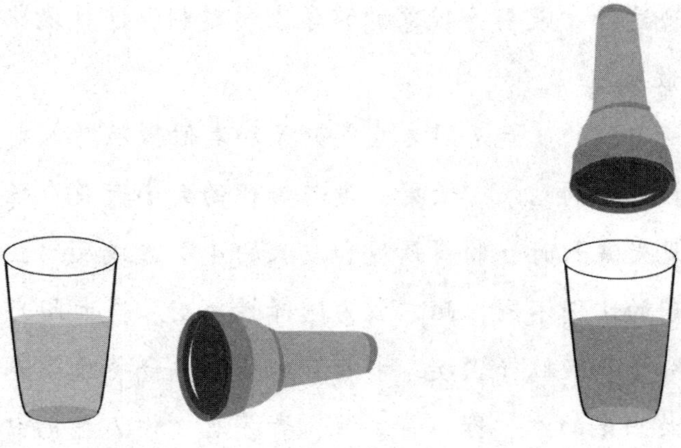

游戏中的科学

原来，掺了牛奶而变浑浊的水里面含有许多小分子，当手电筒的光线进入水中之后，这些小分子会吸收部分光线，再向四面八方反射，这就是散射。手电筒的光是由不同颜色的光合成的，其中蓝光波长较短，红光波长最长，波长短的蓝光容易被散射。所以，当手电筒从侧面照射时，液体离光源稍远，散射红色光最多，液体就呈现出粉红色。而当手电筒垂直照射时，液体离光源比较近，散射蓝色光最多，液体就会变成淡蓝色。懂得了其中的科学原理，这个游戏也就不神秘啦。

超级链接

天空为什么是蓝色的

根据科学家的测定，蓝色光和紫色光的波长比较短，橙色光和红色光的波长比较长，当遇到空气中的障碍物的时候，蓝色光和紫色光因为翻不过去那些障碍，便被“散射”得到处都是，布满整个天空。发现这种“散射”现象的科学家叫瑞利，这种现象因此被称为“瑞利散射”。

我们所看到的蓝天是因为空气分子和其他微粒对入射的太阳光进行选择性散射的结果。散射强度与微粒的大小有关。当微粒的直径小于可见光波长时，散射强度和波长的4次方成反比，不同波长的光被散射的比例不同，此亦成为选择性散射。当太阳光进入大气后，空气分子和微粒（尘埃、水滴、冰晶等）会将太阳光向四周散射。组成太阳光的红、橙、黄、绿、青、蓝、紫7种光中，红光波长最长，紫光波长最短。波长比较长的红光透射性最大，大部分能够直接透过大气中的微粒射向地面。而波长较短的青、蓝、紫等色光，很容易被大气中的微粒散射。以入射的太阳光中的蓝光（波长为0.425微米）和红光（波长为0.650微米）为例，当光穿过大气层时，被空气微粒散射的蓝光约比红光多5.5倍。因此晴天天空是蔚蓝的。但是，当空中有雾或薄云存在时，因为水滴的直径比可见光波长大得多，选择性散射的效应不再存在，不同波长的光将一视同仁地被散射，所以天空呈现白茫茫的颜色。

如果说短波长的光散射得更强，你一定会问为什么天空不是紫色的。其中一个原因就是在太阳光透过大气层时，空气分子对紫色光的吸收比较强，所以我们所观测到的太阳光中的紫色光较少，但并不是绝对没有，在雨后彩虹中我们很容易观察到紫色的光。另外一个原因和我们的眼睛本身有关。在我们的眼睛中，有3种类型的接收器，分别称之为红、绿和蓝锥体，它们只对相应的颜色敏感。当它们受到外界的光刺激时，视觉系统会根据不同接收器受到刺激的强弱重建这些光的颜色，也就是我们所看到物体的颜色。事实上，红色锥体和绿色锥体对蓝色和紫色的刺激也有反映，红锥体和绿锥体同时接受到阳光的刺激，此时蓝锥体接收到蓝光的刺激较强，最后它们联合的结果是蓝色的，而不是紫色的。

4. 变色陀螺

动手做一做

可能大家都玩过陀螺，但你有没有想过，红、橙、黄、绿、青、蓝、紫七种颜色的彩色陀螺旋转起来，会是什么颜色呢？做一个游戏来验证吧。

我们先来做一个简易陀螺。可以用圆规在厚纸板上画一个圆，然后用剪刀剪下这个圆。用铅笔把圆纸板分成 7 等份，并用彩色铅笔在这个圆纸板的 7 等份中分别涂上红、橙、黄、绿、青、蓝、紫七种颜色。接下来把笔芯从圆心穿过，这样就做成了一个简易陀螺。旋转陀螺，你会发现彩色的陀螺变成了白色。

为什么彩色的陀螺变成了白色？

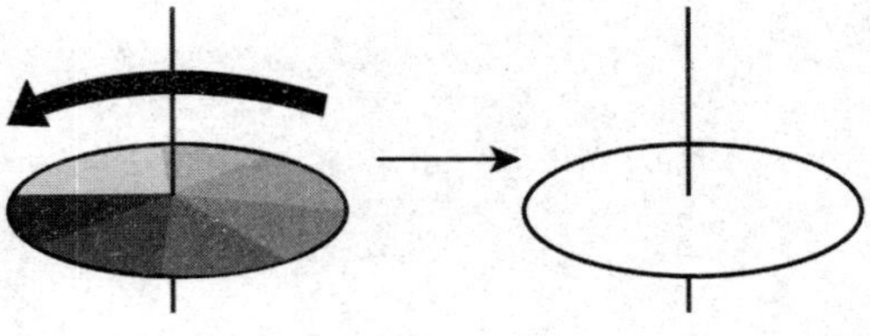

游戏中的科学

原来，阳光是由七色光复合而成的，呈白色。陀螺旋转时颜色在视觉中重叠，使陀螺看起来呈白色。

5. 流淌的光

动手做一做

你知道吗？光线可以像流水一样倒出来，不信的话，找一个朋友和你一起来分享这奇妙的景象吧！

首先，用钉子在矿泉水瓶子的瓶盖上钉一个大洞，在瓶底上钉出一个小洞，用橡皮泥把两个小洞暂时封住。然后向瓶中灌水至3/4处，盖好瓶盖。接下来，打开手电筒，放在矿泉水瓶的底部，使光线可以钻过瓶子。

然后，和朋友一起用报纸把矿泉水瓶与手电筒卷好，然后进入一间黑屋子，去掉橡皮泥，倾斜瓶子，将水倒进一个事先准备好的脸盆中。这时，光线和水就一起流淌而出了。如果将手指插到瓶口的光流中，光线就会变得像瀑布一般，随水弯曲着流淌而出。这究竟是怎么回事呢？

游戏中的科学

我们知道，光线是沿着直线传播的，但也有例外的情况。在这个游戏里，我们把光和水混合在一起，光就会被水流不定向地反射。因此，光线也就不再沿直线传播了，而是如我们眼睛所见，随着水流做不定向的曲线运动。

6. 会变魔术的小鸟

动手做一做

你见过会变魔术的小鸟吗？和你的朋友一起来见识它的魔力吧！

在纸上用彩色铅笔画一只可爱的小鸟，然后用胶水把小鸟粘在托盘里。等到胶水干了以后，把托盘放在桌子上。请你的朋友向后退，直到看不见托盘中的纸片上的小鸟为止。然后你用水壶慢慢地向托盘中倒水。随着托盘中水位的升高，小鸟也好像慢慢长高了，你的朋友又看见了这只小鸟了。实际上，无论是盘中的小鸟还是你的朋友都没有移动过。这是怎么回事呢？

游戏中的科学

原来，还是光线在作怪，没有加水前，你的朋友看不到小鸟，是因为角度的关系。反射光线的反射角（等于入射角）还不够大，小鸟所反射的光线进不到他们的眼中，所以他们就看不到小鸟。而加水之后，光就要经过空气和水两种物质，就会发生折射现象，从而产生偏离。即当光从水斜射到空气表面时，光进入空气中，折射光线偏离法线，折射角大于入射角。于是，光线就有机会进入到你的朋友的眼睛里，这样他就看到小鸟了。

7. 魔法镜

动手做一做

你想把一支蜡烛变成很多支吗？下面这个游戏可以做到。

用小刀将一面镜子背面的水银划出一个直径 2 厘米的左右的圆圈，作为观察孔。再用橡皮泥将两面镜子垂直于桌面固定，镜面要相对，并平行，间距在10厘米左右。然后，用火柴将蜡烛点燃，把蜡烛放在两面镜子之间。通过观察孔仔细观察，你会发现蜡烛的影像在两面镜子里，被反复投射了无数次。难道这面镜子真有魔法不成？

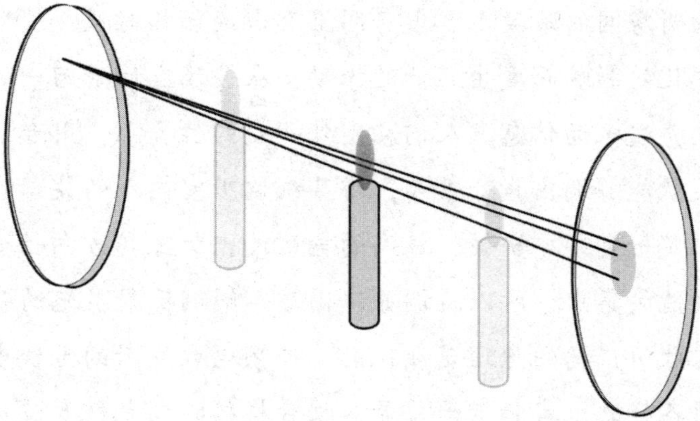

游戏中的科学

我们都知道，镜子会反射光线，也就是说光线遇到镜面就会被原路反射回去。因此，两面平行的镜子之间的蜡烛的像，就在镜子之间被反射来反射去，无穷无止。不过，要完成这个游戏，一定要保证两面镜子是平行的，如果镜子不是平行的，而是成一定角度，那就无法看到无穷多支的蜡烛了。

趣味阅读

可窃听的光

一谈到窃听，人们就会想到安放在电话、饰物等物品内，被做得形态各异的电子窃听器，而绝对想象不出可以用光来搞窃听。实际上，在秘密战线上，光已经被利用制成间谍活动的窃听设备——激光窃听器。现在，有些国家的谍报机关都广泛应用激光窃听器对外国大使馆、领事馆及戒备森严的外事机构进行窃听活动。

激光窃听器，就是用激光发生器产生的一束极细的红外激光，射到被窃听房间的玻璃上。当房间里有人谈话的时候，玻璃因受室内声音变化的影响而发生轻微的振动，从玻璃上反射回来的激光包含了室内声波振动信息。人们在室外一定的位置上，用专门的接收器接收，就能解调出声音信号，用耳机监听室内人的谈话。由于激光本质上是一种频率极纯、极高的电磁波，加上其方向性好，照射和反射的能量集中，所以解调并不困难。解调反射激光的基本原理与收音机收听广播的原理是相似的。广播电台发射的无线电波，包含着各种各样的语言和音乐信号，收音机接收到无线电波后，便能解调出广播节目来。激光窃听法的最大优点是，不需要在窃听的房间内安装任何窃听器就可以实现窃听。这就克服了对无法进入的房间安装窃听器的困难，同时也避免了因窃听器被查获而被抓住把柄的危险性。

由于激光窃听法对激光的发射点、接收点和被窃听点的位置关系要求很严格，以及易受到外界环境的干扰，很容易影响激光窃听的效果。现在有人设想，用易于穿透玻璃的某种频率的激光，瞄准房间里的一件物品照射，用其反射的激光来达到窃听的目的。因为这些物体只随室内的声波振动，而不受外界噪声的干扰及玻璃是否振动的影响，窃听到的谈话声可能就比较清晰了，从而提高激光窃听的效能。

8. 有条纹的光

动手做一做

光从小孔经过会成倒立的像，那么光经过细缝时会出现什么现象呢？做了下面这个游戏，你就会明白了。

打开日光灯，在灯下把两只铅笔靠在一起，在铅笔中间留一个细缝。让铅笔之间的细缝与日光灯灯管平行，透过细缝观察，可以发现桌子上出现了一条跟细缝宽度相对应的亮线。使铅笔之间的细缝变窄，发现桌子上被照亮的范围远远超过了光的直线传播所能照明的范围，并且出现了明暗相间的条纹。

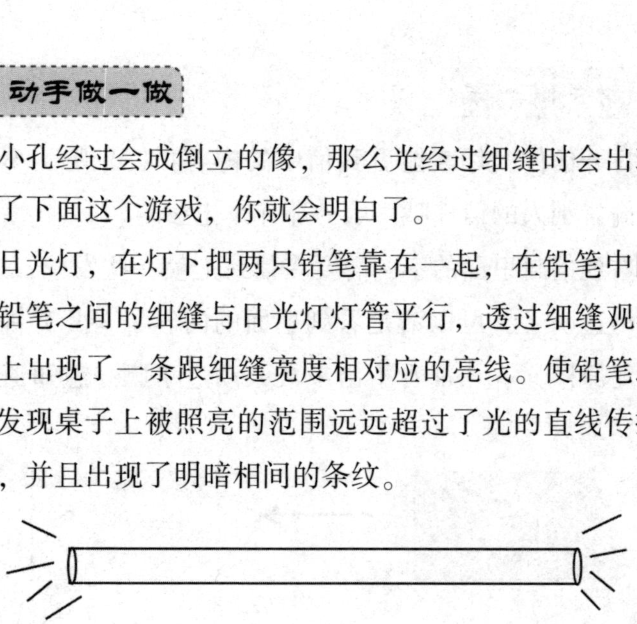

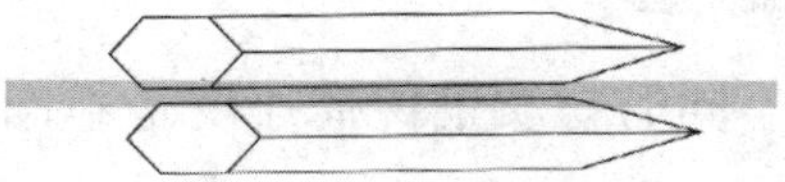

游戏中的科学

光是一种电磁波，当它通过细缝时，如果缝隙狭窄到一定程度，缝隙后面就不再是由光的直线传播而产生的一小片亮区，而出现了明暗相间的条纹，这就是光的单缝衍射现象。如果缝变得更窄，则条纹间距变得更大。这明暗相间的条纹是光波相互叠加的结果，明条纹是光波叠加后的加强区，暗条纹是光波叠加后的减弱区。

9. 偷窥密件

动手做一做

不用打开信件，你就能看到信中的内容！好玩吧，不过要注意不能随便偷看别人的信件哦，因为那样是犯法的。

要想看到信封里面的字，需要在信封上喷一些发胶，过一会儿，信封就变得透明了，可以清楚看到里面的内容了。几分钟以后，信封慢慢恢复原样，一点都看不出来被人动过手脚。想知道其中的原理吗？

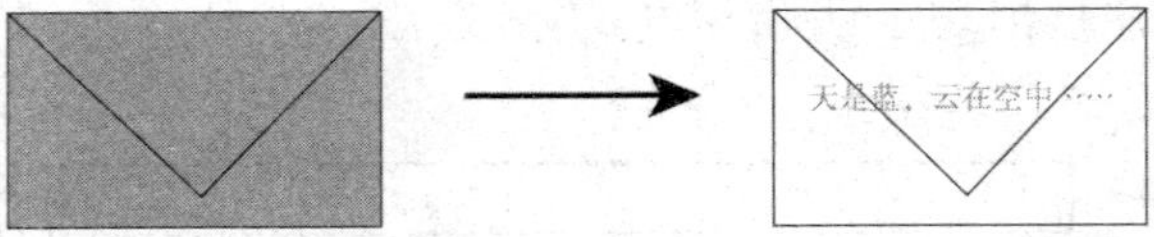

游戏中的科学

原来，光在不同的物质里传播速度是不同的，这就使得当光从一种物质进入另一种物质时，会在两种物质临界处发生弯曲。信封是由空气和纤维构成的，当光进入纸时，会在纤维和空气的交界处发生弯曲，所以光只能在纸的内部四散开来，人的肉眼不能透过信封看到里面的字迹。

当你在信封表面喷上发胶时，纸张内部的空隙充满了一种可以与纤维以相同速度传导光的物质。现在对光来说，信封变成了一个质地均匀的整体，所以光通过时既不会弯曲也不会发散了，于是信封变得透明，里面的字迹就可以看到了。此外，发胶是高挥发性物质，它迅速挥发后，不会留下任何痕迹。

我们还可以来制作秘密信件，把一张纸放在水里浸一下，然后把另一张干纸放在湿纸上，再用圆珠笔在干纸上写上秘密信息。

写的字印到下面的湿纸上，过一会儿，等到湿纸干了以后，字就消失了。把干了之后的湿纸再次浸到水中，纸上的字迹又可以读到了。

用圆珠笔在干纸上写字，一般比较用力，因而就压缩了干纸下的湿纸的纤维。浸湿过的纸干了的时候，写过字的地方可以正常通过光线，因为没有油墨，所以人看不到字。而重新浸湿纸后，写过字的地方因为纤维的压缩而无法通过光线，这样，字迹就又显现出来了。

10. 消失的时间

动手做一做

如果你戴着一块电子表，表盘是显示数字时间的那种，我就有办法让你的时间消失。这是不是很神奇呢？

首先请戴上一副太阳镜，然后开始旋转你的手表，在旋转的过程中你会发现手表里显示的数字突然消失了，而再旋转一会就又重新显示了。

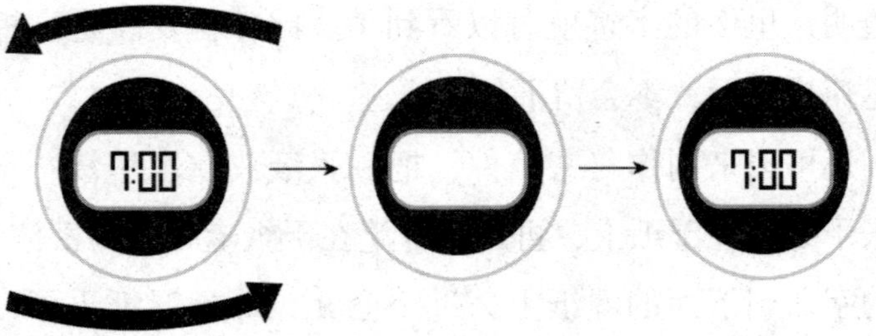

游戏中的科学

其实这是一种很正常的科学现象，这个游戏是利用了光的原理。虽然光能从各个方向射进来，但是偏光太阳镜只会过滤掉从垂直方向射进来的光。而发光的物体发出的大部分光都是水平的，因此当这些光与偏光太阳镜的表面成直角的时候，就会被偏光的太阳镜截住。此时，我们就看不见时间了！因此，当液晶显示盘顶端发出的光和偏光太阳镜成直角的时候，光线与偏光太阳镜所成的角就不再是直角了，此时时间就又出现了！

11. 神奇的万花筒

动手做一做

小时候都玩过万花筒吧？感觉一定很神奇，摇一摇就变化出很多的图案和颜色，煞是好看！

其实如此神奇的万花筒，制作是非常简单的：首先找三片长方形的镜子，其大小和型号要一样，然后找一张硬纸片，大小要足以贴下三片镜子。小心地将三片镜子贴在硬纸片上，然后把它们折叠成三角柱的样子。再找一张好看的玻璃纸，按照制作好的三角柱中三角形的大小把好看的玻璃纸剪成三角形的样子，然后将这个玻璃纸贴在用玻璃制作而成的三角柱的下方三角处，成为盒子的底。然后将各种颜色的小纸片丢入盒子中，再剪三角形的硬纸片将盒子封口，并留出一个小孔。

一个神奇的万花筒就做好了，当我们透过小孔向里看时，就会发现好多好看的图案。而摇一摇盒子，就发现图案开始千变万化起来。

游戏中的科学

万花筒是由两面相交成60°角的镜子组成的，由于光的反射定律，放在两面镜子之间的每一件东西都会映出六个对称的图像来，构成一个六边形的图案（如果用夹角是45°角的两面镜子做成万花筒，得到的图案就是八边形的）。

四、不可思议的电荷

古代人类很早就观察到“摩擦起电”现象，并认识到电有正负二种，同种相斥，异种相吸。当时限于科技发展的水平，人们因不明白电的本质，认为电是附着在物体上的，因而称其为“电荷”，并把显示出这种斥力或引力的物体称作带电体。有时也称带电体为“电荷”。后来随着科技进步，人类对电有了更深入和全面的了解，但电荷的名称却沿用了下来。下面就让我们通过一些好玩的游戏展开对不可思议的电荷的探索吧！

1. 米粒四射

动手做一做

利用“摩擦生电”的知识，我们可以做一个小游戏。在一个小碟子里装上一些干燥的米粒。然后，把塑料小汤勺用毛衣或毛料布块摩擦一会儿，这时，汤勺上就产生了电荷，具有了吸引力。

把小汤勺靠近盛有小米粒的碟子上面，这时小米粒受电荷的吸引，就会自动跳起来，吸附在汤勺上。

这时，有趣的现象就要发生了——刚刚吸上汤勺的小米粒，一眨眼工夫，它们又像四溅的火花，突然向四周散射开去。这是什么原因呢？

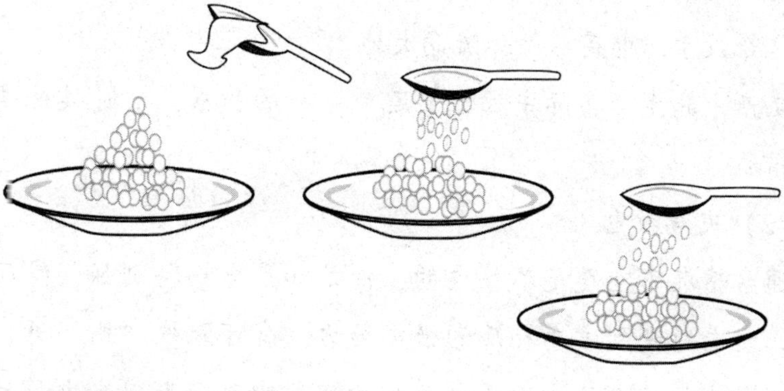

游戏中的科学

原来，带电的汤勺吸引小米粒的时间是很短的，当小米粒吸附在小汤勺上以后，汤勺上吸附的小米粒就都带有与汤勺同样的电荷。

由于同性电荷是相互排斥的，所以吸附在汤勺上的小米粒互相排斥，全部散射开了。

科学小常识

放电现象

带电物体失去电荷的现象叫做放电。常见的放电现象有以下几种：

(1) 接地放电

地球是良好的导体，由于它特别大，所以能够接受大量电荷而不明显地改变地球的电势，这就如同从海洋中抽水或向海洋中放水，并不能明显改变海平面的高度一样。如果用导线将带电导体与地球相连，电荷将从带电体流向地球，直到导体带电特别少，可以认为它不再带电。（如果导体带正电，实际上是自由电子从大地流向导体。这等效于正电荷从导体流向大地。）

生产中和生活实际中往往要避免电荷的积累，这时接地是一项有效措施。

(2) 尖端放电

通常情况下空气是不导电的，但是如果电场特别强，空气分子中的正负电荷受到方向相反的强电场力，有可能被"撕"开，这个现象叫做空气的电离。由于电离后的空气中有了可以自由移动的电荷，空气就可以导电了。空气电离后产生的负电荷就是电子，失去电子的原子带正电，叫做正离子。

由于同种电荷相互排斥，导体上的静电荷总是分布在表面上，而且一般说来分布是不均匀的，导体尖端的电荷特别密集，所以尖端附近空气中的电场特别强，使得空气中残存的少量离子加速运动。这些高速运动的离子撞击空气分子，使更多的分子电离。这时空气成为导体，于是产生了尖端放电现象。

尖端放电在技术上有重要意义。高压输电导线和高压设备的金属组件，表面要很光滑，为的是避免因尖端放电而损失电能或造成事故。

（3）火花放电

当高压带电体与导体靠得很近时，强大的电场会使它们之间的空气瞬间电离，电荷通过电离的空气形成电流。由于电流特别大，产生大量的热，使空气发声发光，产生电火花。这种放电现象叫火花放电。

火花放电在生活中常会遇到，干燥的冬天，身穿毛衣和化纤衣服，长时间走路之后，由于摩擦，身体上会积累静电荷。这时如果手指靠近金属物品，你会感到手上有针刺般的疼痛感。这就是火花放电引起的。如果事先拿一把钥匙，让钥匙的尖端靠近其他金属体，就会避免疼痛。在光线较暗的地方试一试，在钥匙尖端靠近金属体的时候，不但会听到响声，还会看到火花。

在一些工厂或实验室里，存在大量易燃气体，工作人员要穿一种特制的鞋，这种鞋的导电性能很好，能够将电荷导入大地，避免电荷在人体上的积累，以免产生火花放电，引起火灾。

2. 谁先分出来

动手做一做

把粗盐粒和胡椒面掺和在一起，能很快把它们再分开来吗？这个游戏可以一个人玩，也可以几个人同时进行，看谁用最好的办法，最先分出来。

这个游戏的玩法是这样的：先给每人发一把塑料小汤勺，然后在每人桌前放一勺盐、半勺胡椒面。准备好后，裁判就可以发令，让参赛者开始分了。谁最先分完，谁为优胜。

这个游戏看起来是比较困难的，如果用手一粒一粒拣盐，肯定是得不了优胜的。如果你懂得一点静电的知识，要想取得优胜，就轻而易举了。

参赛者听到裁判“开始”的口令后，把塑料汤勺先在毛衣或别的毛料布上摩擦一会儿，然后把汤勺逐渐接近盐和胡椒面的混合物。这时，胡椒面就会跳起来吸附在塑料汤勺上。用这个方法，你会很快把盐粒和胡椒面分开。这是为什么呢？

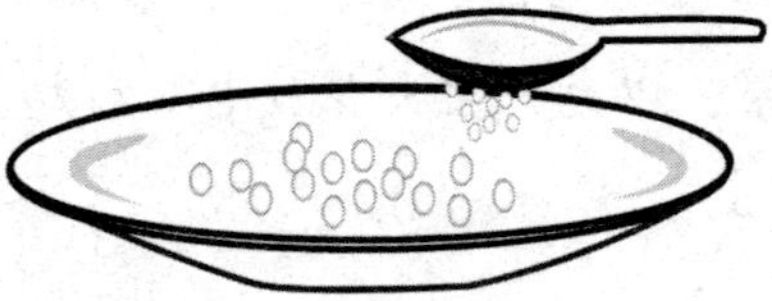

游戏中的科学

这是因为塑料汤勺经过摩擦带有电荷，产生了吸引力，胡椒面比盐粒轻，所以被吸起来。注意事项：做这个游戏时，不要把汤勺放得太低，否则盐粒也会被吸起来。

3. 口渴的气球

动手做一做

我们知道，气球摩擦后，会吸引纸屑等微小物体。那么，它会吸引水吗？做个游戏验证一下吧。

首先要吹一个大气球，将它与干毛巾相互摩擦。打开水龙头，放出一小股水柱，慢慢地让气球靠近水柱，让气球喝个水饱。此时，注意观察，你会发现：当气球靠近时，水柱被吸引，开始向气球的方向略微倾斜；当气球差不多碰到水柱时，一些水滴就会飞起，溅落到气球上。那么，水柱为什么会弯曲呢？

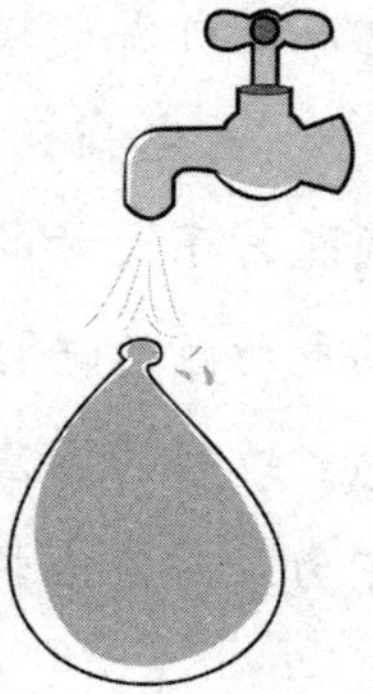

游戏中的科学

当你摩擦气球时，也就是在使它带电，来自于毛巾上的电荷，即带电粒子，转移到了气球上。气球的表面于是充满了电子，而这些越积越多的电子就会吸引水滴。

趣味阅读

捕捉雷电的人

雷电会打死人。可是，世界上曾经有这样一个人，不但不怕被雷电打死，而且要把雷电抓住。这个人，就是美国的富兰克林。

1752 年 7 月的一天，在美国的波士顿，阴霾密布，眼看就要下雨。就在这个时候，富兰克林在野外放风筝。他的风筝很特别，用杉树枝做骨架，用薄丝手帕当纸，扎成菱形的样子。风筝的顶端安了一根尖尖的铁针。放风筝的麻绳的末端拴着一把铁钥匙。当风筝飞上高空不久，下起雨来了，随着大雨，电闪雷鸣，大自然发怒了。富兰克林对于全身被淋湿毫不在意，对于可能被雷击也不畏惧。他全神贯注于他的手。当头顶上闪电的时候，他感到自己的手麻嗖嗖的。他意识到这是天空的电流通过湿麻绳和铁钥匙传到他的手。他高兴地大叫："电，捕捉到了，天电捕捉到了！"他马上把铁钥匙和莱顿瓶连接起来，结果莱顿瓶蓄了大量的电，这电同样可以点燃酒精，可以做"摩擦起电"的电所做的一切实验。

富兰克林用勇敢的行动，缜密的方法，揭穿了有关雷电的古老神话，为电学的发展贡献了力量，使唯物史观在电学领域获得了重大的胜利。

4. 神奇的易拉罐

动手做一做

如果让两个易拉罐放出美丽的火花，你可以做到吗？

试试这种方法，将两个空易拉罐并列放在桌上，罐子之间的间隔为0.5厘米，不可以距离太远。用螺丝刀取出打火机中的压电素子，然后用手按住其中的一个罐子。关上房间里的灯，或者拉上窗帘，用另一只手将压电素子压在罐上，使压电素子放电，两个空罐之间就会迸出火花。而你的手也会受到轻轻地一击，有触电的感觉。这是怎么回事呢？

游戏中的科学

打火机的压电素子会在瞬间放出高压，这种高压以很快的速度通过人体传到另一个罐子上，由此在两个罐子之间迸出了火花，而你也会有麻麻的触电的感觉。

5. 柠檬电池

动手做一做

柠檬可以制作电池，让人无法置信，但是这就是事实！

首先，准备四个柠檬，一边转动一边用手挤压它们直到感觉它们变得有点“柔软”，这样做是为了让柠檬内部产生更多的果汁。这一步非常重要，因为这样可以帮助我们得到柠檬电池最好的效果。

然后，从废干电池上取下四条铝片，再找四片铜片，将铝片与铜片的表面用砂纸打磨干净，插入柠檬。像这样将铝片和铜片插入其他三个柠檬。接着，使用导线和夹子，将第一个柠檬上的铝片与第二个柠檬上的铜片连接在一起，以此类推，这样就将四个柠檬电池连接在一起了。同时也给第一个铝片和最后一个铜片连上带夹子的导线。

最后，给连接到第一个铝片上的夹子标上“+”并给连接到最后一个铜片上的夹子标上“-”。像真正的电池组一样，柠檬电池组也有正极（+）和负极（-）。当像这样串联时，这些柠檬电池共同产生与几个小电筒电池串联所产生的相同的电压，大约在2.5伏到3伏之间。但是柠檬电池组不能产生足够的电流以使电筒灯泡发光。我们怎样才能辨别出确实实现了电池组呢？不妨使用一种称为发光二极管的设备，也可以简称为LED，因为很低的电压和很小的电流就能使LED发光。

是不是很神奇？

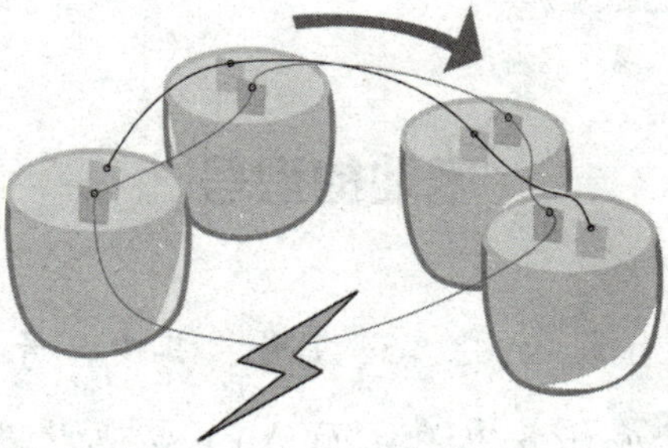

游戏中的科学

其实，柠檬电池的原理很简单，柠檬汁带有酸性，是电解质，有熔化金属的能力。将铜片及铝片插入柠檬汁中，铝就会溶出带正电的离子。另一方面，铜因为比铝稳定，所以铝片容易失去电子带负电，铜片容易得到电子而带正电。此时连上导线，电路就会被接通。但因为柠檬汁的电流极弱，所以要并列数个柠檬以增强电流。

注意事项

如果不能看到 LED 发光请尝试以下方法：

1. 可能弄反了 LED 的极性，也就是正极和负极颠倒了。首先较为活泼的金属发生的是氧化反应，因此较活泼金属片为负极，另一端较不活泼金属则为正极。反转 LED 并观察它是否发光。

2. LED 发出的光可能非常暗淡。将 LED 放到一个更暗的屋子里，并在实验前使您的眼睛适应更暗淡的光线。

3. 确定所有的连接都可靠。

科学小知识

电池的型号

电池一般分为：1、2、3、5、7号，其中5号和7号尤为常用，所谓的AA电池就是5号电池，而AAA电池就是7号电池！AA、AAA都是说明电池型号的。

例如：

AA就是我们通常所说的5号电池，一般尺寸为：直径14毫米，高度49毫米；

AAA就是我们通常所说的7号电池，一般尺寸为：直径11毫米，高度44毫米。

说说常见的“AAAA，AAA，AA，A，SC，C，D，N，F”这些型号吧。

AAAA型号少见，一次性的AAAA劲量碱性电池偶尔还能见到，一般是电脑笔里面用的。标准的AAAA电池高度41.5毫米±0.5毫米，直径8.1毫米±0.2毫米。

AAA型号电池就比较常见，一般的MP3用的都是AAA电池，标准的AAA电池高度43.6毫米±0.5毫米，直径10.1毫米±0.2毫米。

AA型号电池就更是人尽皆知，数码相机，电动玩具都少不了AA电池，标准的AA电池高度48.0毫米±0.5毫米，直径14.1毫米±0.2毫米。

只有一个A表示型号的电池不常见，这一系列通常作电池组里面的电池芯，老摄像机的镍镉，镍氢电池，几乎都是4/5A，或者4/5SC的电池芯。标准的A电池高度49.0毫米±0.5毫米，直径16.8毫米±0.2毫米。

SC型号也不常见，一般是电池组里面的电池芯，多在电动工具和摄象机以及进口设备上能见到，标准的SC电池高度42.0毫米±0.5毫米，直径22.1毫米±0.2毫米。

C型号也就是2号电池，用途不少，标准的C型号电池高度49.5毫米±0.5毫米，直径25.3毫米±0.2毫米。

D型号就是1号电池，用途广泛，民用，军工，特异型直流电源都能找到D型电池，标准的D电池高度59.0毫米±0.5毫米，直径32.3毫米±0.2毫米。

N型号不常见，标准的N电池高度28.5毫米±0.5毫米，直径11.7毫米±0.2毫米。

F型号电池，现在是电动助力车，动力电池的新一代产品，大有取代铅酸免维护蓄电池的趋势，一般都是作电池芯，标准的N电池高度89.0毫米±0.5毫米，直径32.3毫米±0.2毫米。

6. 字迹吸不住粉尘

动手做一做

在刚刚关掉的电视机屏幕上写几个字，然后把粉尘吹向电视，非常奇怪，有字迹的地方居然不会吸住粉尘。奇怪吧？

首先，用干净的抹布擦干净电视机的屏幕，然后将电视机打开。5分钟后，关闭电视机。用手指在屏幕上简单地写几个字。用粉扑蘸上一些滑石粉，然后在电视机屏幕前抖动，使粉尘吹向电视机，可以发现粉尘被电视机迅速吸过去，然而写有字迹的地方却没有粉尘。为什么呢？

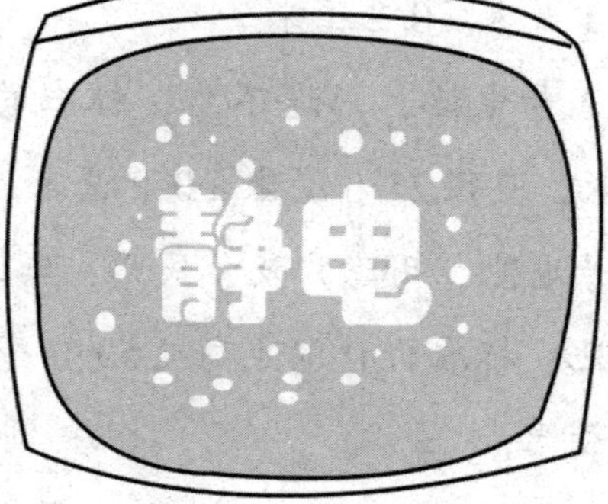

游戏中的科学

这个游戏的原理和复印机的原理是一致的。当电视机打开时，电视机屏幕上充满静电电荷，而且这些电荷在电视机关闭后仍然会保持一段时间。在电视机上写字时，你的手指触到屏幕的什么地方，什么地方的静电电荷就会被消除，这个地方没有了静电电荷，所以当然也就不能吸附粉尘颗粒了。

趣味阅读

人体静电的形成

人体为什么会产生静电呢？静电是由原子外层的电子受到各种外力的影响发生转移，分别形成正负离子造成的。任何两种不同材质的物体接触后都会发生电荷的转移和积累，形成静电。人身上的静电主要是由衣物之间或衣物与身体的摩擦造成的，因此穿着不同材质的衣物时“带电”多少是不同的，比如穿化学纤维制成的衣物就比较容易产生静电，而棉制衣物产生的就较少。而且由于干燥的环境更有利于电荷的转移和积累，所以冬天人们会觉得身上的静电较大。

在不同湿度条件下，人体活动产生的静电电位有所不同。在干燥的季节，人体静电可达几千伏甚至几万伏。实验证明，静电电压为5万伏时人体没有不适感觉，带上12万伏高压静电时也没有生命危险。不过，静电放电也会在其周围产生电磁场，虽然持续时间较短，但强度很大。科研人员正在研究静电电磁场对人体的影响。

7. 会跳舞的泡泡

动手做一做

用肥皂水吹出大大小小的泡泡，在阳光的照射下，色彩缤纷，非常漂亮。那么，你能使泡泡跳舞吗？

首先要把梳子在羊毛巾上摩擦几次，然后用肥皂水吹出一长串泡泡，让泡泡飘浮在羊毛巾的上空，进而慢慢落在羊毛巾上。这时候，把梳子轮流靠近每个泡泡，泡泡往上移动然后又下来，好像在跳舞。

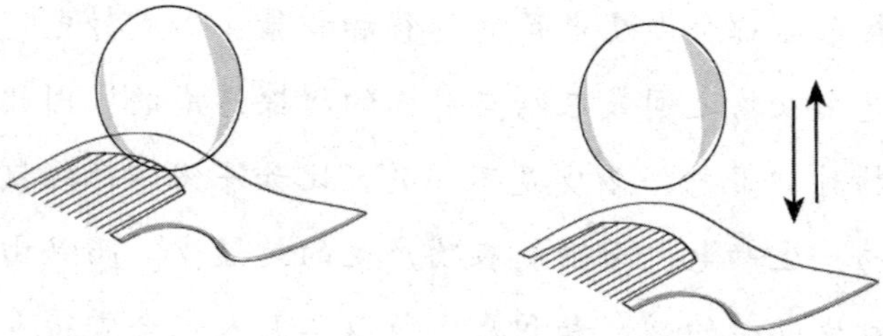

游戏中的科学

这个游戏是利用摩擦产生的静电来使泡泡跳舞的。在羊毛布上摩擦梳子，会使梳子充满静电，梳子就会吸引没有电的泡泡。于是，泡泡也被梳子冲了电，并带有同样的电荷，所以又被推开。就这样，泡泡每次跳起来接触到梳子，就充了电而被推开去，掉下去。而当泡泡掉下去时，就失去电荷，因而会再被带电的梳子拉上来。

8. 食盐能通电吗

动手做一做

从小爸爸妈妈就告诉我们不要用湿手摸开关，因为湿手摸开关容易触电。那么，为什么湿手就容易触电呢？

首先用导线接好灯泡和电池，然后把电线的两端放入杯子的纯净水中。此时，发现灯泡没有变亮。向纯净水中加入一汤匙食盐，搅拌均匀。此时，可以发现灯泡发出微弱的光。

为什么呢？

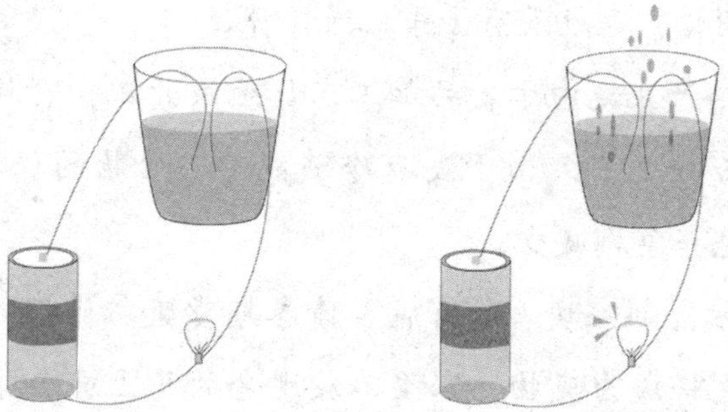

游戏中的科学

纯净水中没有杂质，是不导电的，所以灯泡不会变亮。而纯净水一旦溶解了食盐，就变成了导电体，此时电路就形成了一个回路，灯泡就亮起来了。这也是为什么湿手不能碰触开关，因为人手不可能是纯净的，汗液中会有盐分，此时，你的湿手就成了导电体，所以容易触电。

趣味阅读

假如没有电

我们生活在电的世界里，但是如果有一天，我们的生活中突然没有了熟悉的电，那么会是什么样子呢？

（1）首先，没有了电，我们再也没有熟悉的电灯照亮我们的生活，蜡烛的生意逐渐好转。

（2）通信中断，我们的手机变成了废物，电话变成了摆设，除了邮件，飞鸽传书，没有通信的可能。我们声音能够传递最远的距离只有1000 米，传递的速度会由前面的 30 万千米每秒回到 340 米每秒。没有短信，也就没有了手机通信费。

(3) 整个产业链由于食品加工工厂无法开工，食物的供给将小于需求的千万分之一。由于没有冷藏能力，食物的保存出现问题，食品的品种也将急剧减少。

(4) 金融全部瘫痪。所有股票债券期货交易停摆。我们手上的银行卡存折也将成为废物，家里不放现金的马上就会饿死，当然现金在不久后也会没用。

9. 自制迷你麦克风

动手做一做

还记得小时候我们经常拿着类似麦克风的物品冒充主持人吗？或许你会说当时只是一种游戏，其实那东西是起不了麦克风的作用的。

那么，现在我们就来做个游戏，游戏中的你是可以实现儿时自制麦克风的梦想的。

首先，我们用两根铅笔芯靠近盒底两壁穿过一个火柴盒。然后，在两根笔芯上横放一根短笔芯，把所有笔芯刮光滑。这就成了一个迷你麦克风。把这个麦克风连接上电铃线，然后和电池及旁边房间的耳机连接起来（你也可以使用半导体收音机上的耳机）。平拿火柴盒向其中讲话。耳机里可以清楚地听到你的声音了。你知道它的制作原理吗？

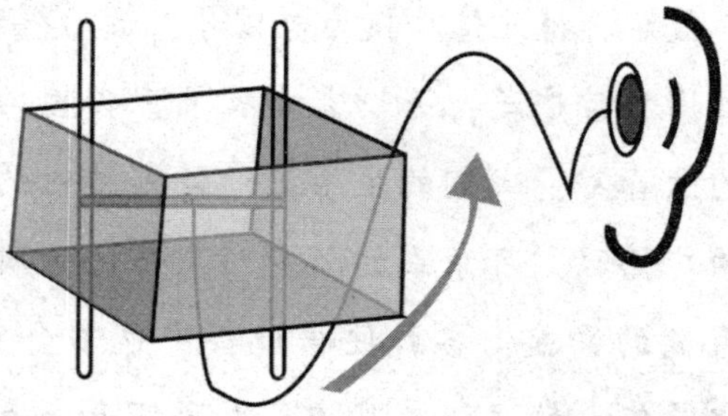

游戏中的科学

这是因为电流进入石墨笔芯，当你朝火柴盒说话的时候，火柴盒底就会震动。这样就改变了笔芯间的压力，电流变得不均匀。电流的不稳定造成了耳机中声音的震动。

趣味阅读

麦克风

爱迪生留声机中那个受话器其实就是麦克风的雏形。麦克风是录音环节中负责收集声音的设备，在最初的机械录音中，麦克风（受话器）负责将声音信号转换为振膜的振动，并将这种振动传递给细针，以刻录锡箔。后来，磁性录音技术的崛起，麦克风也随之发展成为一种将声音信号转换为电信号的设备。

麦克风从物理结构上大致分为动圈麦克风和电容麦克风。其中，动圈式麦克风由振膜、永磁铁和线圈组成，声音带动振膜振动，振膜推动线圈在磁铁的磁场中上下运动，产生的电流即为声音信号；电容式麦克风由两片极板组成，一片固定，一片与振膜合在一起。声音信号推动振膜振动，两片极板之间的距离产生变化，之间的电容值随之变化，最后再将此值转换为电信号，最后得到声音信号。

麦克风的作用非常广泛，一切需要收录声音的场合中都缺不了它。除了专业的录音室，我们的生活里随处可见他的身影，各式的会议中，农村的广播里，可录式的随身听里，语音聊天室，唱歌等等。随着数码存储的兴起，各式便携设备中也多会整合这一功能，手机这一现代化最伟大的通讯工具中，也离不开麦克风的应用。当然麦克风最伟大的贡献还是在于：将乐队或歌者的声音最忠实的记录下来，让我们能随时随地聆听，也让我们能永远的把它们保存下去。

五、魅力无穷的声音

什么东西你能制造出来却看不见？什么东西可以穿过固体却不留下洞孔？回答不出来吧？这就是声音。

声音是自然界中非常普遍、直观的现象，它很早就被人们所认识，无论是中国还是西方，对声音、特别是在音律方面都有相当的研究。动听的声音给人们带来美好的享受，刺耳的噪音不仅让人难以忍受甚至伤害人的身体。下面就让我们通过一系列有关声音的游戏感受声音的独特魅力！

1. 发音盒里的狮吼声

动手做一做

这个游戏是用纸盒（或木盒、白铁盒）做一个会发声的装置，不同材料的盒子做成的这个发声装置，会发出不同的声响。看看谁的盒子发出的声音像狮子一样的吼声，谁就成为优胜者——因为，狮子是兽中之王嘛！

这个能发出声音的装置很容易做，只要你找些纸盒（其他的盒子也不妨拿来试一试），在小盒的一边开一个小孔，然后把一支拴着一根小绳的半截铅笔放进盒里，把小绳从小孔中穿出来。找一块松香在小绳上来回擦一擦，就像用松香擦二胡的弓弦一样，使得小绳变涩。

这时，你用一只手握住盒子，用另一只手的拇指和食指去捋绳子，你就会听到一阵很响的声音。有的声音可能像雄狮的吼声，有的声音也许像小狗的犬声。但愿你做的发声装置能发出像雄狮一样的吼声。

你还可以用不同形状、不同材料的盒子多做几个发声装置，也许在你捋动绳子时，盒子的四壁都在发生振动，发出的响声会令人害怕呢！

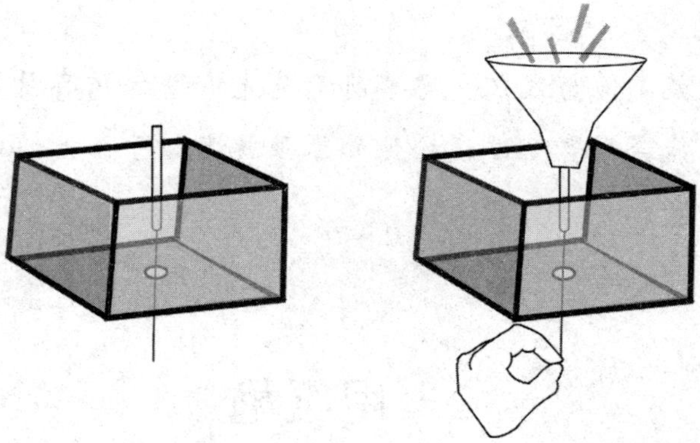

游戏中的科学

游戏中的纸盒就像是一个大的音箱，可以把声音扩大，如果你把绳子拉得又直又紧，音调则会比较高，如果绳子变得比较松，音调会变得比较低。

趣味阅读

为什么冬天时电线会发出声音

声音是一种波，有很多不同的频率（即每秒发声物体振动的次数）。人能听到的声音频率范围是20赫兹（每秒振动20次发声物所产生的声音频率）至20000赫兹（每秒振动20000次发声物所产生的声音频率）之间的声音。低于20赫兹的声音称为次声波，高于20000赫兹的声音称为超声波。次声波和超声波都是人听不到的。

夏天和冬天，电线的区别就是热胀冷缩问题，冬天电线比夏天更紧些，相同的风吹过，紧线振动频率高，产生声音。其实夏天也有声音产生，只是振动频率低于20赫兹，人听不到而已，产生的是次声波。

这问题就类似与琴弦，弹琴前都是先检查琴弦有没有上紧，松弛的琴弦可能会误音，过度松弛的琴弦就类似于夏天的电线，发不出明显的声音。

2. 甩纸炮

动手做一做

你玩过甩纸炮的游戏吗？下面来做一个小纸炮，让游戏告诉我们纸炮发声的奥秘吧。

首先准备一张长约 40 厘米，宽 30 厘米的纸，把较长的那一方对折后，再打开。将四个角沿着中线往内折，整个对齐，对折后再打开，然后把左右两边的角沿着中线往下折。接下来把纸往后折，形成一个三角形，纸炮就完成了。抓紧两个尖角，用力往下甩，就会发生很大的声响。

听到巨大的响声，你是不是一下子冒出许多问题呢？纸炮为什么会发出声音？纸张大小会影响声音的大小吗？纸张厚薄会影响声音的大小吗？

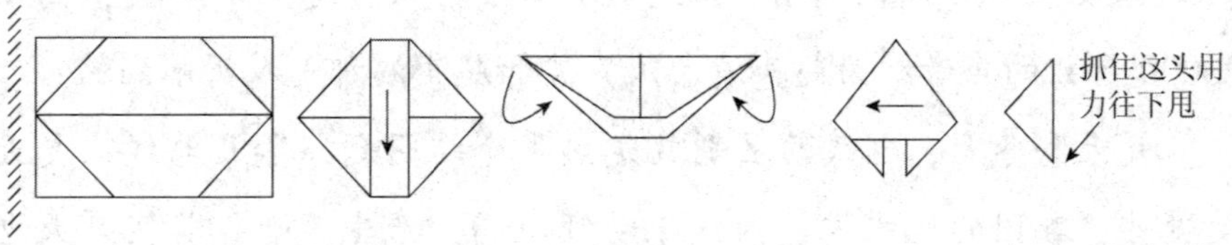

游戏中的科学

告诉你其中的道理吧，当我们用手抓紧纸炮，用力往下甩时，内折的纸会弹开，造成空气突然振动，此时就发出了强而有力的声音，声音的音波冲过空气传至耳朵。

3. 可以看得见的声音

动手做一做

如果说声音可以看得见，你相信吗？可以尝试做下面这个游戏。

剪去易拉罐的底和面，使它成为两头透亮的空筒。剪去气球的颈部，并蒙在罐的一端。抓住气球的边，再用橡皮圈把它紧紧绷住（像鼓面一样）。然后把小镜片用胶水贴在紧绷的气球鼓面上，使镜面向外。打开手电筒，照在镜子上，你会看到一个光点从镜面反射到墙上。如果墙上的光点不够清晰，可以用一张硬白纸当屏幕。接下来把铁罐放在桌上，用书本等作支撑固定住，调整好手电、镜面与光点的合适角度。这时候你在铁罐的另一端大喊或唱歌，同时观看墙上的光点。啊，光点晃动起来，“跳上舞”了。

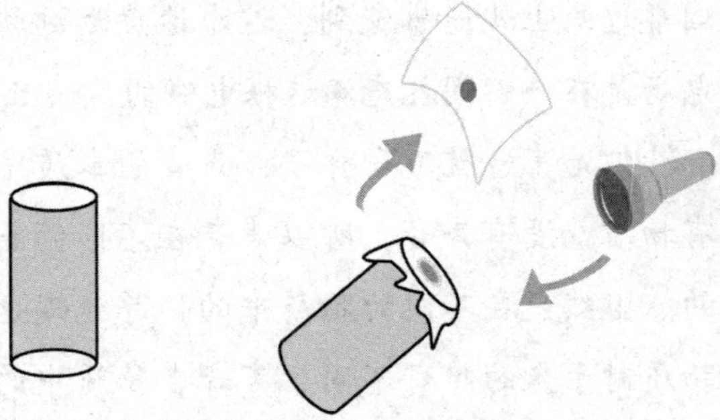

游戏中的科学

原来，声音是由空气振动而产生的。当你唱歌时，从你的肺里压出来的空气，使声带振动，产生压力波（也叫声波）。这个声波就像水中的涟漪一样撞击到气球膜上，气球膜便随之振动，所以小镜子反射出来的光也跟着动。

科学小知识

为什么光比声音跑得快

因为光的本质是一种电磁波，而电磁波的传播速度是很快的。假设有一根电线从中国接到美国，我们在中国这边一加上电压，美国那边马上就能感觉到，这个速度远远快于电子的运动速度，说明电场是在一瞬间就充满这根电线的，而且光的传播不需要介质。

但是声音就不一样了，声音的本质是能量在物质中的传导，没有物质就没有声音，所以声音在不同的物质中传导的速度是不一样的。当然光在不同的物质中的传导速度也是不一样的，但这是由于物质对于光的阻碍不同。声音在物质中的传播靠的是物质内部原子或分子间的相互作用，打个比方就像多米诺骨牌一样。所以光的速度是光本身的一种属性，而声音的速度是物质密度、结构等性质的表现。这两者的速度的原理是不一样的。

当然，光跑得比声音快并不是绝对的！那是在大多数情况下。现在科学家们已经通过冷却的办法，让光在接近绝对零度（-273.15度）的钠中传播，成功将光速降到了1米/秒左右，这时不要说空气中的声音了，连你都跑得过光！

4. 弹回来的声音

动手做一做

声音可以弹回来吗？邀一个朋友和你一起做这个游戏吧。

首先把两个纸筒排成“八”字形放在桌上，在这两个纸筒后面立放一本书。左手拿着手表靠在左边纸筒的开口，并用右手捂住右耳。此时能清楚地听到手表的滴答声了。取走立放着的书，这时，手表的滴答声听不到了。这是怎么回事呢？

游戏中的科学

原来，声音是以波的形式在空气中传播前进的。纸筒后如果没有立放书本，手表发出来的滴答声经过纸筒，就会从筒口传出去，往四面八方散开。因为，声音的响度是由声波的能量决定的，能量越多，声音就越大。所以声音散发出去得越多，声波里所剩的能量越少，耳朵就越难听到声音。

如果在纸筒后立一本书，就可以把传散到四面八方的声波挡住，并且把大部分的声波反射回来。有的反射声波会弹回纸筒，然后传到耳朵中。声音如果传出去得越少，保留下来的能量就越多，听起来声音也就会越大。

趣味阅读

听诊器的产生

1816 年的一天，巴黎医学院教授雷奈克在检查一位患心脏病的年轻妇女时，由于病人太胖和羞怯，将耳朵靠近她的胸部，也听不到心跳声。机智的雷奈克突然想起声音经过空中管道时会增大，于是他用一张纸卷成管状，一端放在病人心脏部位，然后倾听纸管的另一端。事后他回忆说：当时既惊诧，又喜悦，我听见心跳声，而且比过去听过的要更清晰。为了更方便地使用这种方法诊断病情，他自制了一个木质的听诊器。在多次试验的基础上，发现最适合做听诊器的材料，是各种轻质木材或藤。此后，听诊器就成了诊断肺部疾病的一种重要工具。

雷奈克的专著《间接听诊法》在 1819 年出版时，出版商随书赠送一个听诊器。在这本书中，雷奈克详细地记述了诊断水泡音与轻啰音——经由听诊器所得的心与肺的声音。他还仔细地将各种诊音分类，并以临床观察和解剖为根据对各种声音做了解释。

雷奈克的听诊器后来经过奥地利人斯科达的改进，变成非常好用的双耳听诊器，今天已普遍用于世界各地。雷奈克终年仅 45 岁，但他的发明却影响了后来的医学发展，几乎每位医生都受益于他。

5. 弹奏音乐的高脚杯

动手做一做

想不想做一个玻璃杯的乐器组来弹奏一段悦耳的音乐呢？其实，这种方式和钢琴有异曲同工之妙。

准备 8 个高脚玻璃杯，排成“一”字形。以最左边的空杯子作为高音 Do，依次向右加水开始调音，音阶分别为 7，6，5，4，3，2 和中音 1。

音阶越低，杯中的水就要加得越多。为了让杯子能精确地发出音阶，可用滴管少量加水，以进行调音。调好音后，用筷子敲击高脚玻璃杯，就可以弹奏出悦耳的音乐了。

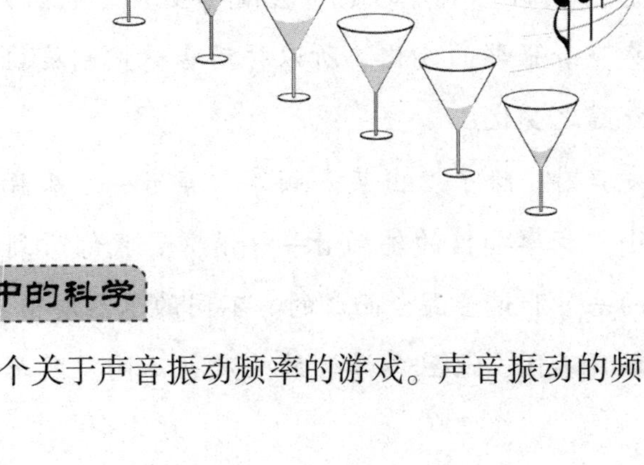

游戏中的科学

这是一个关于声音振动频率的游戏。声音振动的频率与物质的质量有关系。物质的质量越大，发出的声音越低。反之，发出的声音越高。因此，杯子中水最少的那个发出的声音最高，杯子中水最多的那个发出的声音最低。适当调节高低音，就可以发出悦耳的声音啦！

科学小常识

电子琴的发音原理

电子琴既可以演奏不同的曲调，又可以发出强弱不同的声音，还可以模仿二胡、笛子、钢琴、黑管以及锣鼓等不同乐器的声音。那么，电子琴的发音原理是怎样的？

大家知道，当物体振动时，能够发出声音。振动的频率不同，声音的音调就不同。在电子琴里，虽然没有振动的弦、簧、管等物体，却有许多特殊的电装置，每个电装置一工作，就会使喇叭发出一定频率的声音。当按动某个琴键时，就会使与它对应的电装置工作，从而使喇叭发出某种音调的声音。

电子琴的音量控制器，实质上是一个可调电阻器。当转动音量控制器旋扭时，可调电阻器的电阻就随着变化。电阻大小的变化，又会引起喇叭声音强弱的变化。所以转动音量控制旋扭时，电子琴发声的响度就随之变化。

当乐器发声时，除了发出某一频率的声音——基音以外，还会发出响度较小、频率加倍的辅助音——谐音。我们听到的乐器的声音是它发出的基音和谐音混合而成的。不同的乐器发出同一基音时，不仅谐音的数目不同，而且各谐音的响度也不同。因而使不同的乐器具有不同的音品。在电子琴里，除了有与基音对应的电装置外，还有与许多谐音对应的电装置，适当地选择不同的谐音电装置，就可以模仿出不同乐器的声音来。

6. 欢叫的小鸟

动手做一做

鸟儿的叫声婉转嘹亮，总会引起人们无限的遐想。做个游戏亲身体验一下吧！

把一个纸杯倒过来，在底部中央部位用小刀划一个边长约1厘米的三角形小孔。将吸管平放在杯底上，吸管口正对着三角形小孔的一角，并用胶带固定好吸管。用胶带把两个纸杯口对口地粘在一起，密封严实。此时向吸管中吹气，就会听到“呜呜”的鸟叫声了。

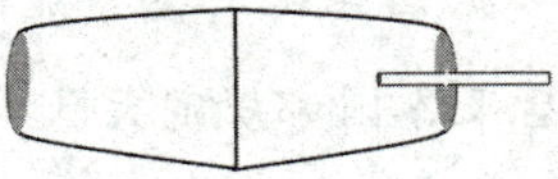

游戏中的科学

这个游戏利用了声音的共鸣。两只纸杯黏合在一起，便制造了一个封闭的共鸣箱。我们借着吸管将空气通过三角形小孔，传入杯内。杯内的空气受到振动形成声波，而声波在封闭的空间内能产生共鸣，声音强度变大，传出来的声音也就变大了。

趣味阅读

“共振”的威力

任何物体产生振动后，由于其本身的构成、大小、形状等物理特性，原先以多种频率开始的振动，渐渐会固定在某一频率上振动，这个频率叫做该物体的“固有频率”，因为它与该物体的物理特性有关。当人们从外界再给这个物体加上一个振动（称为策动）时，如果策动力的频率与该物体的固有频率正好相同，物体振动的振幅达到最大，这种现象叫做“共振”。物体产生共振时，由于它能从外界的策动源处取得最多的能量，往往会产生一些意想不到的后果。

18 世纪中叶，法国昂热市一座 102 米长的大桥上有一队士兵经过。当他们在指挥官的口令下迈着整齐的步伐过桥时，桥梁突然断裂，造成 226 名官兵和行人丧生。究其原因是共振造成的。因为大队士兵迈正步走的频率正好与大桥的固有频率一致，使桥的振动加强，当它的振幅达到最大以至超过桥梁的抗压力时，桥就断了。类似的事件还发生在俄国和美国等地。鉴于成队士兵正步走过桥时容易造成桥的共振，所以后来各国都规定大队人马过桥，要便步通过。

在我国的史籍中也有不少共振的记载。

唐朝开元年间，洛阳有一个姓刘的和尚，他的房间内挂着一个磬，常敲磬解烦。有一天，刘和尚没有敲磬，磬却自动响起来了。这使他大为惊奇，终于惊扰成疾。他的一位好朋友曹绍夔是宫廷的乐令，不但能弹一手好琵琶，而且精通音律（即通晓声学理论），闻讯前来探望刘和尚。经过一番观察，他发现每当寺院里的钟响起来时，和尚房里的磬也跟着响了。于是曹绍夔拿出刀来把磬磨去几处，从此以后就不再自鸣了。他告诉刘和尚，这磬的音律（即现在所谓的固有频率）和寺院的钟的音律一致，敲钟时由于共振，磬也就响了。将磬磨去几处就是改变它的音律，这样就不会引起共鸣。和尚恍然大悟，病也随之痊愈了。

登山运动员登山时严禁大声喊叫。因为喊叫声中某一频率若正好与山上积雪的固有频率相吻合，就会因共振引起雪崩，其后果十分严重。

7. 摇不响的小铃铛

动手做一做

摇一摇铃铛，就会发出清脆的声音。可是，照下面的步骤去做，小铃铛却摇不响，不信你试试！

取下两个铁质奶粉罐的上盖，换上胶塞，塞紧筒口，使之不漏气。在每个胶塞的下面系一个小铃铛，用塞子塞紧筒口。摇动铁筒，从两个铁筒中都发出悦耳的铃声。

取下其中一个铁筒的胶塞，向筒中注入少量的水。把铁筒放在铁支架上加热，使筒中的水沸腾。等大部分空气排出后，迅速塞紧胶塞，再把铁筒放入冷水中冷却，然后摇动铁筒，就听不到铃声了，而摇动另一个铁筒却仍然听得到铃声。这是为什么呢？

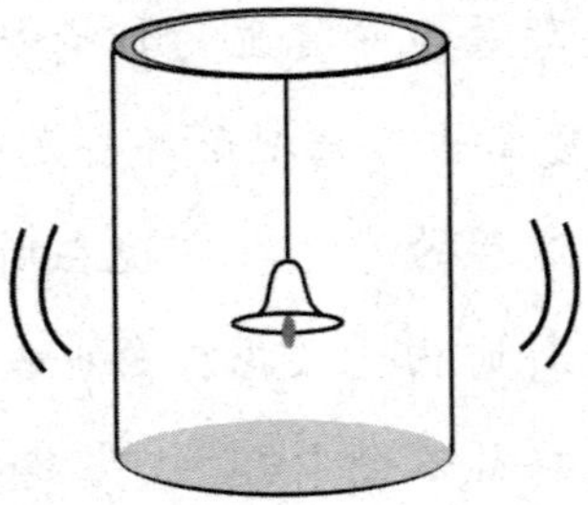

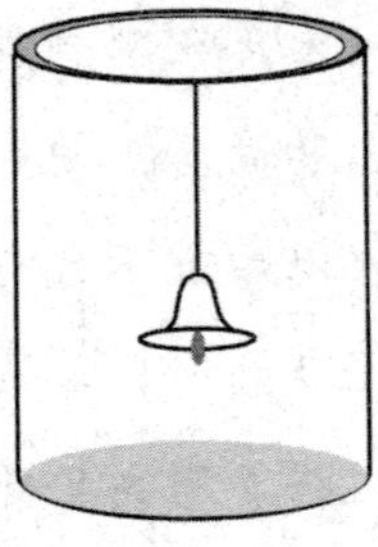

游戏中的科学

当加热后的空气全部排出后，把密闭的铁筒放入冷水中冷却。这样，铁筒里形成了真空，所以再摇动铁筒就听不到铃声了。这说明声音能在空气中传播，而在真空中是不能传播的。

8. 水球魔音

动手做一做

在气球内灌上水，它可以清晰地给你传音，听起来好像是水球自己在发出奇怪的声音。真的非常好玩，你不想试一试吗？

吹起一只气球，用细线将口扎好。将第二只气球的吹嘴套进水龙头，慢慢地注入水。当这只气球的大小跟第一只气球差不多时，停止注水，用细线将口扎好。将两只气球放在桌上，用手指弹叩桌面。用耳朵贴着两只气球仔细倾听弹叩声，会发现盛水的气球能传出比较清晰的声音。

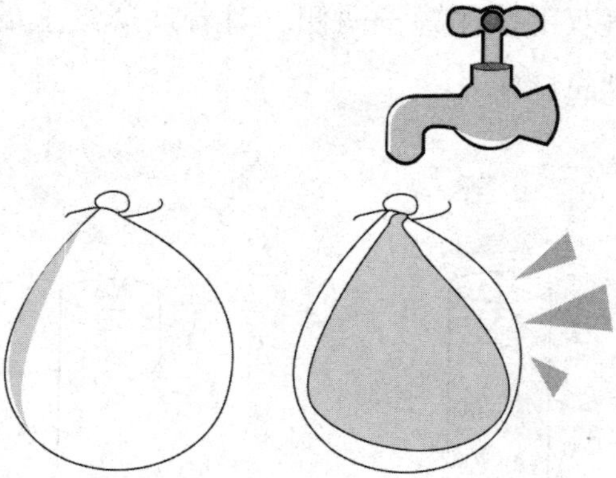

游戏中的科学

声音能传到我们的耳中是因为我们周围的空气受到了声波的振动。空气中含有很多微细的分子，分子与分子之间相隔着一定的距离。由于水分子之间相隔的距离要小得多，因此，它们传送声波的振动要容易得多。所以，水球听到的声音更清晰。

9. 会跳舞的芝麻

动手做一做

你相信吗？只要你唱歌，芝麻粒就会为你伴舞。

找来一个易拉罐，去掉它的上下盖，然后用胶水把透明玻璃纸贴在罐子上。这时千万不可以使用胶带，一定要用胶水。在透明玻璃纸上以手指沾水涂抹，干了之后玻璃纸就会变得紧绷而平滑。

把贴了透明玻璃纸的罐子倒转过来，放入几粒芝麻。做完这些以后，你就可以双手捧住罐子两侧，对着玻璃纸上的芝麻唱歌，芝麻就会快乐地跳起舞来。

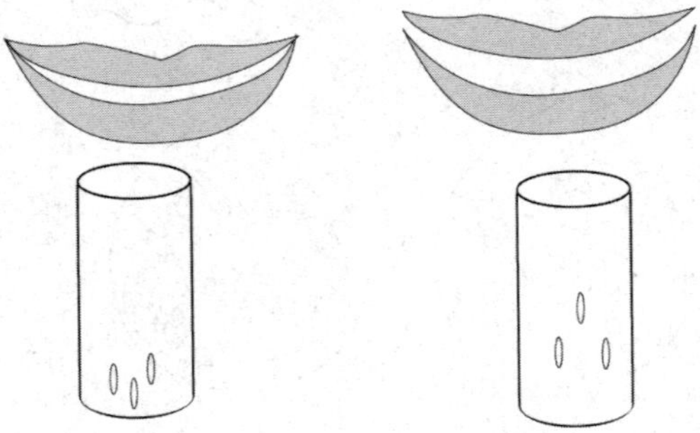

游戏中的科学

芝麻为什么会跳起来呢？这是因为我们在唱歌的时候，喉咙声带产生振动，并通过空气传到纸片上，使纸片产生振动，由此带动芝麻跳起舞来。

趣味阅读

人民大会堂的声学构造

声的吸收对建筑物的声学性质很重要。礼堂中讲话时，声波经过天花板、墙壁等多次反射和吸收后，其声强才降到闻阈以下，这种声源振动停止后声音的延续现象叫交混回响。而声强减到原值的百万分之一的时间，叫交混回响时间。经验指出，交混回响时间在1～2秒之间最为适当，交混回响时间长短与建筑物大小和其中各种表面对声的吸收情况有关。

我国在建造首都人民大会堂时，为了兼顾音乐和我国汉语特点，将交混回响时间控制在2秒左右。对解决庞大建筑物的声学问题，作了一些恰当的处理：采用塑料夹板的吸收构造，以加强对低频部分的吸收。在二层和三层楼上7000个皮椅底下，装有穿孔吸声结构，当坐椅无人时，椅底反过来可以代替人对声的吸收作用。这样可以使满场时和仅用一楼开会（3000人）时，都有较高的语言清晰度。

10. 声速测定

动手做一做

如果你想得到空气中的声速，那可以用下面这个简单的方法。

为了测量声音的速度你需要一个秒表和一个皮尺。量一个500米的距离，要尽可能量得准确一点。你和你的同学分别站在两端；你的同学两手各拿一块大石头（或者锣、鼓、或者干脆拍手——拍手的声音太低如果对方听不到就不好办了），你则拿一个秒表。当你大叫“开始”时，你的同学要把石头举到头顶，尽量大声敲击。

当你一看到石头撞在一起，就按下秒表。等到你听到石头撞击的音，就再按一下秒表让秒表停下来。时间方面要记录到1/10秒。如果能多做几次实验，算出时间的平均值是最好的。你只要用计算机把你和你同学的距离除以时间，就可以算出声音的速度了。

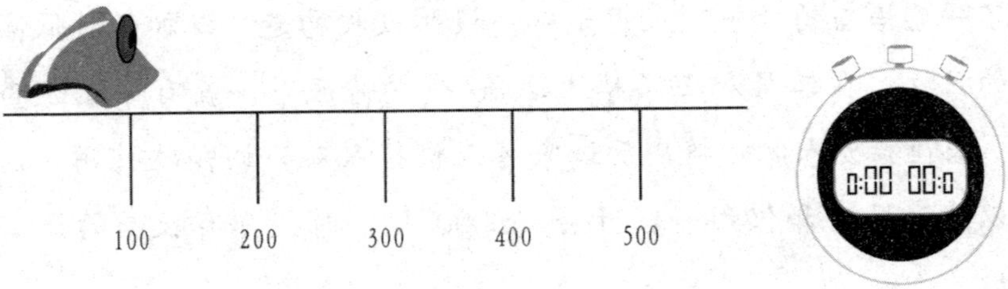

游戏中的科学

在这个游戏中我们运用了简单的路程、时间、速度之间的关系，即速度=路程/时间，来测算声音的速度。

11. 神奇的“大炮”

动手做一做

我们来动手做一架“大炮”，这架大炮可神啦，它能魔术般地把1米开外的烛焰“击”灭，而且并不需要你填装什么“炮弹”。

找一只两头封闭的纸板圆柱筒，在一端的盖子中间，剪出一个直径大约2厘米的圆孔。这个圆孔就是大炮的炮口。再找点其他材料做一副炮架子就成了。

现在，你可以试一试这门大炮的破坏力了：在距大炮1米远的地方放一只点燃的蜡烛，把你的炮对着蜡烛瞄准好。用手在大炮筒的底部轻轻拍一两下，你会看到烛焰马上就被你的大炮“击”灭了。如果烛焰只是摇曳了一下，那说明你瞄得不够准。只要你瞄得准，甚至在3米处的烛焰也能给灭掉。

这是怎么回事呢？

游戏中的科学

原来，这是大炮喷出的“音圈”吹灭了烛焰。我们可以在大炮里放些烟来观察这个现象。你请一个会抽烟的人，通过圆孔吹进几口烟。现在把这门炮平摆着，用手指节慢慢地轻拍纸筒的底面，你会看到，一只只美丽的烟圈从圆孔里喷出来，而且它向前飞时，还能保持形状的完整。如果你用灯照着烟圈，对着一个黑暗的背景观看这些烟圈，就能对它做细致地观察。你会看见，每个烟圈上的烟都在迅速地兜着圈子作滚翻哩，简直奇异极了。

你一定没有想到，用手指对着纸筒底这么一弹，会有这么惊人的作用，喷出的“音圈”能使空气产生这样强的旋转速度和力量，把人吹气吹不到的地方的烛焰一下子吹灭。

六、无处不在的力和运动

力是我们生活中常见的一种作用，任何时候，任何地点，力都存在我们的周围。你看得见吗？你看不见。当我们轻轻挥手时，当苹果成熟后从树上落下时，我们知道，那里有力。然而，我们却找不到它的影子。而运动是由力引起的，我们知道静止是相对的，而运动是绝对的，也就是说所有物体都在运动。下面，就让我们一起来做一组有关力和运动的游戏，体会它们的无处不在！

1. 谁的火箭飞得远

动手做一做

在做这个游戏之前，参加者每人先得做一个“压缩气火箭”。具体做法如下：

找一只软塑料瓶（比如装胶水的空瓶子或装饮料的空瓶子），在瓶盖上钻一个小孔，插进一根塑料细管（可以把废圆珠笔芯的笔头剪去代替），再用万能胶粘牢。找一根 10 厘米长的、套在塑料管外能够自由滑动的麦秆，在麦秆的一端粘上四张三角形的彩色纸作为火箭的尾翼；另一端用面团封严，捏成火箭头似的形状。等面团干了以后，比赛用具——压缩气火箭就算做好了，可以进行比赛了。

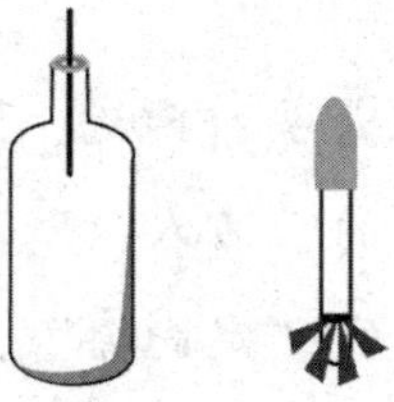

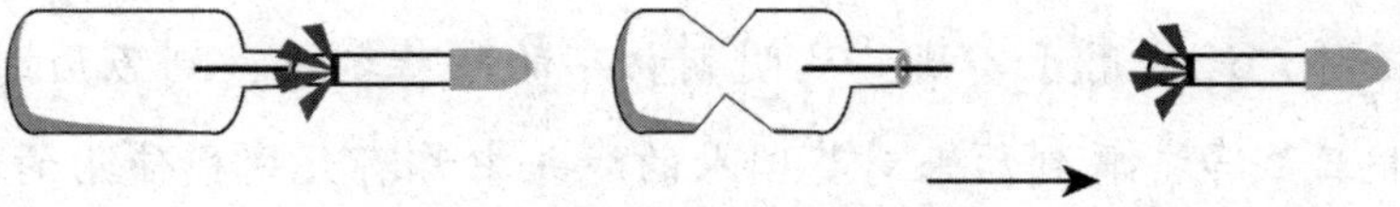

比赛时，参赛者并排站在一起，把麦秆做的“火箭”套在塑料管上，裁判发出口令后，参赛者用手使劲一捏瓶子，“火箭”就会“嗖”的一下，飞出 10 来米远。谁的火箭飞的距离远，谁就是优胜

者。也可以连续发射多次，把每一次发射的距离加起来，谁的距离远，谁为优胜者。

游戏中的科学

这个火箭的发射原理是这样的：瓶中的空气通过塑料管进入麦秆，因为麦秆的前端是封闭的，进入里面的压缩空气膨胀后向麦秆的后端（没有封闭的一端）喷出，给麦秆一个向前的作用力，麦秆就向前飞去。

趣味阅读

火箭的故乡在中国

清朝以前，中国始终是世界上最早使用火箭和火箭技术最高的国家，甚至在明朝时期一度是世界上唯一掌握火箭武器技术和大规模应用火箭技术的国家。

大约在南宋时期，人们用球状火药包装在箭头杆附近，点着引线之后，用弓箭射出去杀伤敌人，这就是后来的“万人敌”。后来，人们将火药装填在竹筒里，火药背后装着细小的“定向棒”点燃引火管上的火硝，引起筒里火药迅速燃烧，产生向前的推力，使之飞向敌阵爆炸，这就是世界上第一种火药火箭。在明朝旧火箭技术达到高峰并广泛应用于实战，从明朝初年的靖难之役，到万历时期的援朝抗日战争，再到后来对英国人的战斗中都有大规模使用的记载。《武备志》一书中更是记载了当时琳琅满目的火箭类武器，从单发的简单火箭，到多管连发的一窝蜂等火箭炮，再到多级火箭出水火龙，基本以形成了现代火箭的所有门类。

根据《明史》记载，在当时明朝同蛮族的战争中，一场战斗动用几万支火箭是司空见惯的。更有一位叫万户的人将47支大型火箭绑在椅子上，同时点燃，想利用反推原理飞上太空，可惜最后以失败告终。这是可考的世界第一次载人火箭发射，而当时在华的窦玛丽等人也都部分记载了相关史料。

后来，中国在清政府的统治之下，因为采取的抑制火器发展和闭关锁国的愚蠢政策，中国的火箭技术逐渐停滞并严重倒退。直到1958年，中国才造出第一支现代火箭，不但晚于美国、苏联，更晚于日本等国，不得不令人深思。

2. 肥皂小赛艇

动手做一做

把火柴或羽毛杆的一端从中间劈开（劈开的长度约占总长度的四分之一），在劈缝里镶上一小块肥皂，一个“小赛艇”就做成了。把这个“小赛艇”放在水盆里，它就会自动地在水中快速行驶。

参加做游戏的人，每人都准备数量相同的“小赛艇”，在裁判的统一口令下，同时把“小赛艇”放进盆中，看谁的“小赛艇”行驶速度最慢，就给谁记为1分；倒数第二名记为2分……以此类推。第一批赛艇比赛完了，再进行第二批赛艇的比赛……最后一轮比赛完后，谁的累计分最多，谁就是优胜者。这个游戏，还可以比谁的赛艇行驶的距离最远，谁为优胜者。

游戏中的科学

“小赛艇”之所以能在水中行驶，是因为镶在火柴上的肥皂在水里逐渐溶解，不断破坏着火柴后面水的表面张力，而火柴前面的张力没有被破坏，所以火柴后面的水分子被火柴前面的水分子拉向前去，“赛艇”就前进了。

注意事项：当盆中水的张力都被肥皂水破坏以后，“赛艇”就不会前进了，这时就得及时换水。

3. 喷气快艇

动手做一做

当我们手头上有下面这些材料时，就可以做一只“喷气船”，用来进行比赛。这些材料是：金属小铁盒（扁罐头盒、金属肥皂盒均可）、空铁筒（或圆罐头盒）、两根铁丝、几节蜡烛头。

制作方法是这样的：先在铁筒里面装一些水，注意水量不得超过铁筒容量的1/3。再把铁筒用一个盖或是别的东西堵死，不让里面的水流出来，然后再在盖上钻一个小眼。用铁丝把铁筒固定在金属小铁盒上，在铁筒下面放两三节蜡烛头，点着蜡烛头以后，铁筒里的水一会儿就会烧开，蒸汽就会从小眼里喷出来，推动小铁盒向另一个方向前进。于是“喷气船”就做好了。

如果几个小朋友每人都做一只这样的喷气船，就可以做一个“赛船”游戏了。当参加者的小船都开始喷气时，就可以把小船放进水里。等裁判一声令下，一撒手，小船就可以向前驶去。比比看，哪一艘船跑得最快。用这个方法，你可以用各种不同的材料制成各种不同的小喷气船，也可以做各种不同的游戏。

游戏中的科学

喷气船之所以会前进，是因为水沸腾后，不断产生的蒸汽只能从喷气管向后排出，于是产生了一个向后的作用力，这个力会对小船产生一个向前的反作用力，于是就把小船推着向前跑了。

喷气式轮船的前景

海上行驶的轮船速度一直不能令人满意，如果像发明喷气式飞机那样发明一种喷气式轮船的话，同样可以给海上运输带来一场革命。用水上喷气发动机推进的货船如果在大西洋行驶的话其速度要比普通的轮船快五倍，这种新式的轮船叫“快船”。这种轮船不仅在速度上要比普通轮船快得多，这种船的速度可达45英里（1英里≈1.61千米）/小时，而普通的轮船其速度很难超过25英里/小时，在对付恶劣气候方面也比普通的轮船强得多。

这种船体设计已在波士顿的麻省理工大学进行了模型和计算机模拟试验，去年挪威的DMV公司通过了快船的最后设计，使该船设计者贾尔斯能够开始动手建造这种喷气式轮船。贾尔斯在1999年就开始建造第一艘“快船”，而且通过谈判由该公司提供造船厂。

一旦第一艘“快船”制造成功并投入运行，那么该公司希望能够提供在七天内的货物直接运送上门服务，这七天中包括四天在大西洋上航行。在以往，这么短的时间是不可想象的。

贾尔斯希望通过港口人员的努力以及轮船本身的优势，使装卸货物的时间大大缩短，加上航行速度的大大提高，从而能够让“快船”有资本与空中货运飞机进行竞争。

4. 巧移乒乓球

动手做一做

准备好一张长条桌（课桌、方桌也行），把几个装有乒乓球的罐头瓶倒扣在桌子上。参加游戏的人，要手拿倒置的瓶子（注意，瓶口不能用任何东西挡住），连同瓶内的乒乓球一起运到前面的终点。谁先到达，谁为优胜者。谁的方法最简单，谁为优胜者。

看起来，这个游戏似乎不可能完成。一拿起倒置的瓶子，扣在里面的乒乓球不就留在桌上了吗，别说把它运走，就是想把它留在瓶里都很难办到。

其实，这个游戏是可以进行的。有一个巧妙的办法，可以使你轻而易举地把空瓶连同乒乓球一起运到你要去的地方。只要你抓住瓶子在桌面上做有规律的绕圈运动，带动瓶内的乒乓球沿着瓶子内壁作旋转运动就能做到这一点。

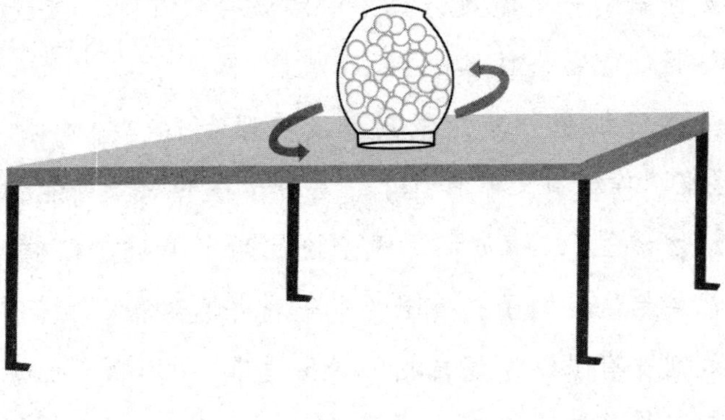

游戏中的科学

因为球在旋转时产生了离心力，等到离心力大于地球对乒乓球的引力以后，乒乓球就在瓶内壁上作惯性运动，不会从瓶中掉下来了。

当然，在你移动瓶子的时候，一定要始终保持绕圈运动是匀速的，要是一会儿快，一会儿慢，乒乓球离开了瓶壁，也会从瓶中掉下来的。

超级链接

谁能把一杯水倒过来

这个游戏很简单。参赛者只要准备一只水杯就行了。裁判让大家往杯里装上水（大半杯就行了），用一只手拿好杯子，然后宣布比赛的要求：谁能把这只装有水的杯子倒过来，而不让杯中的水洒出一滴，谁就算成功地完成这个游戏。注意，不能用东西把杯口挡住。

按照常理，这个游戏是无法完成的。谁都知道，别说把杯子倒过来，就是倾斜到一定程度，杯中的水就会流出来。要是把杯子倒过来，那杯里还能留得住水！

但是，你仔细想一想，裁判并没有限制你“怎样把杯子倒过来”，在这里，你就有文章可作了。看过杂技的人，可能都知道有一个节目叫“水流星”。演员们用绳子拴住两个小碗，在碗里盛满水，然后演员就耍起这根绳子，碗里的水一滴也不会洒出来。

既然裁判没有限制“怎样把杯子倒过来”，那么，你就可以像杂技演员耍水流星那样，来完成这个游戏。当然，不让杯中的水洒出来，并不是那么容易的，要严格按要求握紧杯子：右手手指朝下拿起水杯，不过要手心向前。然后把手臂伸直，向右再向上方挥动。注意动作要稳，要连贯，不要太慢。手臂转一整圈以后，手回到原来的位置。这时，已经按要求完成了“把杯子倒过来”这个游戏，而水呢，是不会洒出来的。这个游戏最好在室外进行。

5. 为什么会向上滚

动手做一做

由于地球引力的作用，任何东西都是由上往下落：高处的水向低处流；坡上的石头，往坡下滚。你能想象出往坡上滚动的物体是怎么回事吗？

下面我们就可以让你看这个有趣的现象。先用厚纸或薄卡片做成两个圆锥体，然后用胶水（或糨糊）把它们对接在一起；把一本大书和一本小书相隔一定距离照图上的样子放好，注意，应该是书背向上才能放得稳些。在书上架两根圆筷子或圆木棍，放的时候，让较高的一头的圆筷子比较低的一头的略为撇开一些。

现在，你可以把刚刚做好的双圆锥体放在木棍近小书的一端，也就是较低的一端。这时，你会惊奇地发现双圆锥体像是谁给它施了“魔法”，竟然沿着“轨道”向上坡滚动。看起来不可能的事情，居然真的出现了。

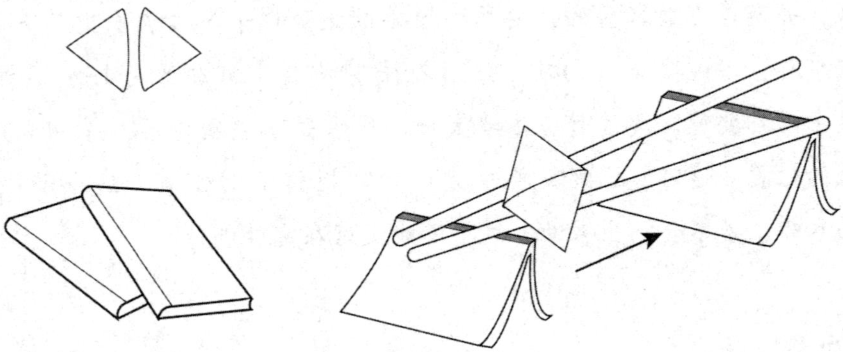

游戏中的科学

真是双圆锥体向上坡滚动吗？地球的引力对双圆锥体不起作用了吗？不是。你把双圆锥体放在木棍上再让它滚一次，你仔细观察双圆锥体是怎样滚动的。你一定会发现其中的奥秘。

看一看双圆锥体的两头，它们搁在靠得较拢的两根木撬上，是什么情形？滚动后，由于两根木棍之间的距离越来越大，双圆锥体实际上是向下走的。仔细看看，是不是这么回事？注意，玩这个游戏时，两本书的高度不能相差太悬殊了。

趣味阅读

有趣的怪坡

在哈大公路东侧约 1000 米处山腰的一段土石公路上，有一个坡，上、下坡共长百余米，熄火的汽车能向山上滑行，下坡自行车需使劲蹬踏才能行动，故被称为“怪坡”。在怪坡附近，还有一座“响山”。每当游人至此，用石块敲打（或脚踏）它的特定部位，都会发出一种特殊的声响。

呈西高东低走势的怪坡，发现于1990年4月。当时，有两名青年交警驾驶一辆北京牌吉普车，顺着进山路驶进坡下，当摘档熄火停车后，突然感到车自动向坡上滑行，他们感到惊愕，壮胆子试了几次，仍然如此，百思不得其解，带着迷惘惶然而走。

怪坡之谜引起了科学家们的关注，多次进行科学实验。结果表明：在“怪坡”上，越是质量大的物体，越是容易发生自行上坡的奇异现象。如此“怪坡”效应，自然使游客、探险家和科学工作者产生了浓厚的兴趣，他们先后提出了“重力异常”、“视差错觉”、“磁场效应”、“四维交错”、“黑暗物质”和“飞碟作用”、“鬼怪作祟”、“失重现象”、“黑暗物质的强大万有引力”和“UFO的神秘力量”……各种解释，众说纷纭，却难以使人信服。“怪坡”至今仍是人们竞相前往探奇的“旅游谜地”。

6. 谁能站起来

动手做一做

坐在椅子上，听到“起立”的口令后，马上站起来——这也许是每一个健全的人都能做到的。

现在，我们就来做一个简单的游戏，看谁坐下以后，能按照裁判提出的要求站立起来。

先让每一个参加游戏的人坐在椅子上。裁判的要求是这样的：上身要保持正直（有靠背的椅子，要使背部正好贴在椅背上）；双腿并拢，上肢与下肢屈成直角；双脚平放在地上；双手自然下垂，不要扶任何东西。

听到裁判的“起立”口令后，要保持坐姿，身体既不能向前倾斜，双腿也不能向后挪动，双手也不准撑扶椅子或其他东西。试试看，谁能站起来？

对啦，没有一个人能站起来，即使你把吃奶的劲都使出来，也不会像你想象的那样很轻松、很容易地站起来。除非你违反了规定，不是身体向前倾斜、就是双腿向后挪动。

谁不经常坐下、起来，起来、坐下，可是为什么这么简单的事情，现在反而做不到了呢？

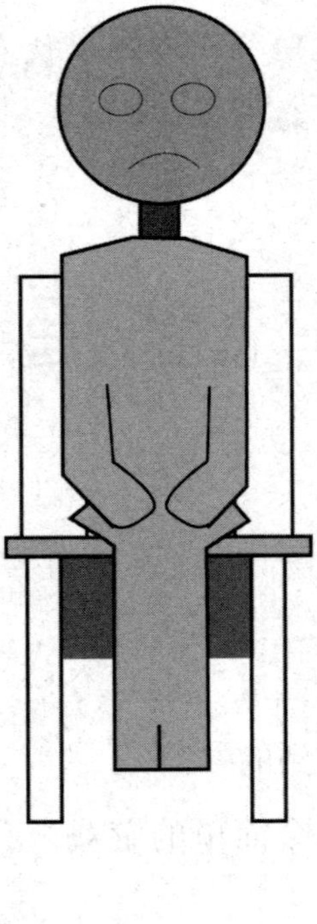

游戏中的科学

原来，我们平时从椅子上起来时，都很自然地倾身、收腿，把身体的重心往前移，才能发力起身。如果保持坐姿不变，身体的重心靠后了，自然就使不上劲、站不起来了。

7. 奇妙的自动回转盒

动手做一做

用很常见的那种圆柱形罐头盒，可以做许多有趣的小玩意。这种罐头盒有一个基本的玩法——滚动。只要你把罐头盒往地上一扔，它就会在地面滚动一段距离。假如我们让大家比赛谁能把罐头盒滚得远，那就没什么意思了，除了扔的时候注意掌握一点大家都知道的姿势外，就看谁的力气大了。谁的力气大，谁就扔得远。

现在，我们要求你经过一些小小的改进，能使扔出去的罐头盒自动地滚回来。你能做到吗？下面，大家可以自己动脑筋、想办法，把这个“奇妙的自动回转盒”做成功。谁设计得简单巧妙，回转的距离远，谁就可以成为优胜者。

下面这个方法可供你参考。先在罐头盒的底部和顶部各钻两个小孔，按照图上所示的方法，把橡皮筋穿进小孔中，在橡皮筋交叉的地方用绳子结起来，然后在上面拴一个螺丝帽之类的重物。

把罐头盒放倒在地上，你把它从身旁推开，它滚动一会儿就会停下，接着自己又往回滚。

神奇吧？

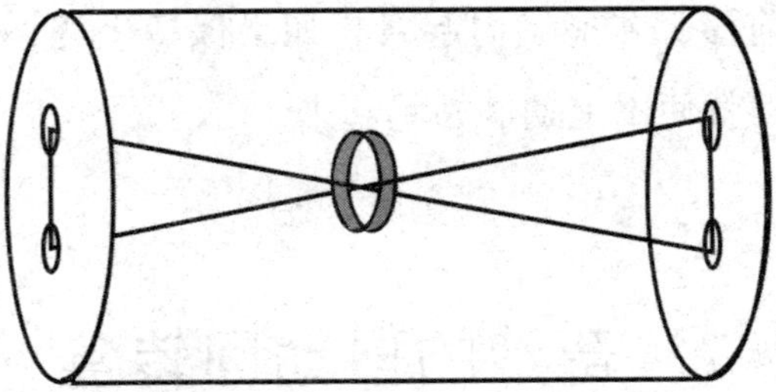

游戏中的科学

这是因为螺丝帽较重，一直停在悬垂点的下面，不随盒子一起转动，这就把橡皮筋逐渐缠绕起来。橡皮筋缠绕到一定时候就限制了盒子的滚动，接着，橡皮筋上积蓄的能量又“推动”盒子往回滚。不知道内情的人，看到这个奇妙的盒子，一定会大为惊讶——好一个有魔力的盒子。

科学小常识

为什么滑水运动员不会掉到水里呢

看到滑水运动员在水上乘风破浪快速滑行时。你有没有想过，为什么滑水运动员站在滑板上不会沉下去呢？

原因就在这块小小的滑板上。你看，滑水运动员在滑水时，总是身体向后倾斜，双脚向前用力蹬滑板，使滑板和水面有一个夹角。当前面的游艇通过牵绳拖着运动员时，运动员就通过滑板对水面施加了一个斜向下的力。而且，游艇对运动员的牵引力越大，运动员对水面施加的这个力也越大。因为水不易被压缩，根据牛顿第三定律（作用力与反作用力定律），水面就会通过滑板反过来对运动员产生一个斜向上的反作用力。这个反作用力在竖直方向的分力等于运动员的重力时，运动员就不会下沉。因此，滑水运动员只要依靠技巧，控制好脚下滑板的倾斜角度，就能在水面上快速滑行。

8. 自己会变大的肥皂泡

动手做一做

不许碰肥皂泡，你能让“脆弱”的肥皂泡不断地自己变得越来越大吗？

先准备一些浓肥皂液，使吹出的肥皂泡不会轻易破裂。用小剪刀在吸管的一端剪出 4 个同样深的切口，再将剪出的切条向后折。然后用吸管有切条的一端吹出很大的泡泡来。

接下来将卫生纸中间的圆纸筒一端用水润湿，迅速而轻巧地将肥皂泡放到浸湿的纸筒上，让肥皂泡稳稳地站在纸筒的一端。在盆子中装入大半盆水，把圆纸筒没有肥皂泡的一端向下伸入水中。慢慢向下压纸筒，直到纸筒的大部分都没入水中。此时，如果肥皂泡破裂就重复做一次上述步骤。你会看到肥皂泡会越变越大，最后，“砰”的一声轻响，肥皂泡破了。

为什么肥皂泡自己变大了呢？

游戏中的科学

原来，把纸筒向水下压时，筒内的空气受到水的压力，自身压力就会变大，使越来越多的空气渗进上方的肥皂泡中，将肥皂泡越吹越大。

七、屡创奇迹的磁

从某种意义上来说，我们生活在一个磁的世界里——我们的身体和我们居住的地球，乃至遥远的宇宙，构成它们的各种物质都具有磁性，它们所在的空间也都存在磁场。

然而，提到磁，比起它的近亲电，许多人都认为它是平凡无奇的。好像只有磁铁吸引铁，指南针指示南北方向，才同磁有关。实际上，如果没有磁这种神奇的现象，我们就不能在计算机里储存数据，不能观看录像带，不能听录音机，也不能做磁共振检查身体……下面，就让我们玩一些游戏，来领略磁所创造的奇迹！

1. 有趣的磁力船

动手做一做

你听说过磁力船吗？听起来似乎很神秘。磁力船确实有吸引人的神秘之处，因为至今还没有一艘有实用价值的磁力船在航线上航行呢！

现在，我们也可以玩这个小游戏了。只要找一块软质的木材，削几只不超过 4 厘米长的小船，在每条小船背面钉进一根 2.5 厘米长的铁钉；船上面打个小孔插进一根火柴，再折一个纸三角做“帆”，小船就算做好了。把做好的小船放进一只脸盆里，慢慢移动脸盆下面的强磁铁（可用耳机、广播喇叭里的磁铁代替），小船就可以在你的“导航”下，自由航行了。如果几个小朋友各拿一块磁铁，各自指挥自己的小船，可以进行各种有趣的“海战”游戏。

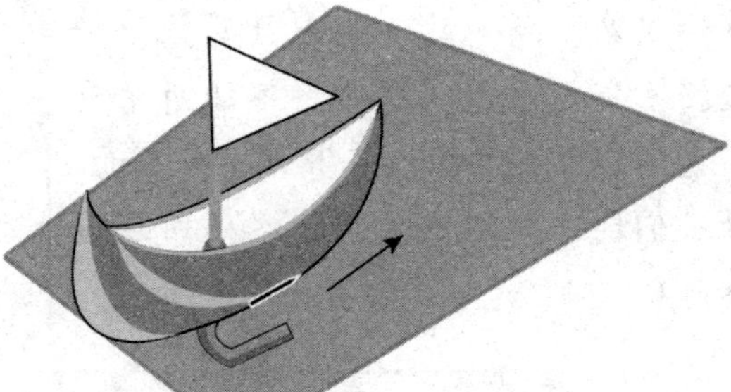

游戏中的科学

20世纪初，在阿姆斯特丹曾经展出过一只小船，里面没有任何动力装置或推进系统，也没有线牵引它，可它能在水池里不停地转圈，令参观者感到惊讶万分——是什么力量使得这只小船不停地转动呢？其实道理很简单，这只船是用铁做的，而小船游动的水池子下面有一个放在大平底盘子里的强磁铁。这个大盘子用一个电动机带动，慢慢地转动着，小船就跟着磁铁移动的路线游动。游戏中也是利用这个原理来使磁力船航行的。

科学小知识

地磁偏角

地磁偏角就是地球南北极连线与地磁南北极连线交叉构成的夹角。北宋科学家沈括首先发现了地磁偏角。他在《梦溪笔谈》卷二十四中写道："方家以磁石摩针锋，则能指南，然常微偏东，不全南也。"这是我国和世界上关于地磁偏角的最早记载。

人们从后来的地磁学发展知道，由于地磁极不断变动，所以地磁偏角随地点的变化而变化，即便在同一地点的地磁偏角大小也随着时间的推移而不断改变。沈括可能是在一个较长的时间里观察磁针指南，以及观察磁针是在各个不同的地点上，所得到的各个偏角值大小也就不一样，多数是偏东的，但是也不完全如此，因而他在《梦溪笔谈》中记为"常微偏东"。

西方直到公元1492年哥伦布第一次航行美洲时才发现了地磁偏角，比沈括的发现晚了约400年。

2. 聪明的售货机

动手做一做

你知道吗？自动售货机能够分辨出假币，那么它是怎样来分辨假币的呢？其实这是自动售货机中的磁铁在起作用。下面我们就来验证一下吧。

先把两本书摞在一起，并把第三本书靠着这两本书，形成斜坡。然后把磁棒放在形成斜坡的这本书中央，让硬币和铁垫圈经过磁铁从斜坡上滚下来，可以发现，磁棒会把铁垫圈吸住不让它通过，这就好像售货机把假币“捡出来”一样。

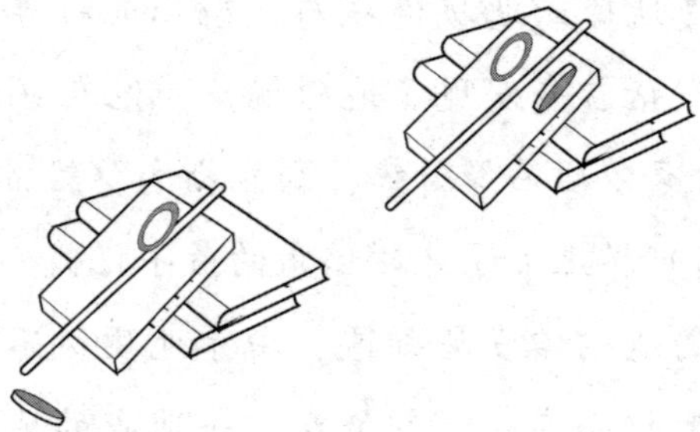

游戏中的科学

因为镍做的硬币没有磁性或者磁性较弱，所以磁棒自然会让硬币通过，而垫圈是铁做的，磁棒会把垫圈吸住不让通过，这就好像售货机把假币“捡出来”一样。

趣味阅读

自动售货机

自动售货机是一种全新的商业零售形式，20 世纪 70 年代自日本和欧美发展起来。它又被称为 24 小时营业的微型超市。在日本，70% 的罐装饮料是通过自动售货机售出的。全球著名饮料商可口可乐公司在全世界就布有 50 万台饮料自动售货机。

在日本全国各地，共设有 550 万台自动售货机（据 1998 年的统计），销售额达 6 兆 8969 亿 4887 万日元，为世界第一。在售货机的显示屏幕上进行操作，输入商品号码和购买数量，并投入钱币后，商品就会从取货口出来，甚至从食品自动售货机上还能买到热乎乎的面条和米饭团。虽然日本的自动售货机总台数低于美国（据 1997 年的统计为 689 万台），但是，从人口占有数来看却是世界上最高的，美国平均 35 人占有一台，而日本为 23 人占有一台。

据说世界上最早的自动售货机出现在公元前 3 世纪，那是埃及神殿里的投币式圣水出售机。17 世纪，英国的小酒吧里设有了香烟的自动售货机。在自动售货机历史的长河中，日本开发出实用型的自动售货机，那是在进入本世纪后的事。日本第一台自动售货机是 1904 年问世的“邮票明信片自动出售机”，它是集邮票明信片的出售和邮筒投函为一体的机器。

自动售货机的真正普及是在第二次世界大战以后。50 年代，“喷水型果汁自动售货机”大受欢迎，果汁被注入在纸杯里出售。后来，由于美国的饮料大公司进入日本市场，1962 年，出现了以自动售货机为主体的流通领域的革命。1967 年，100 日元单位以下的货币全部改为硬币，从而促进了自动售货机产业的发展。

现在，自动售货机产业正在走向信息化并进一步实现合理化。例如实行联机方式，通过电话线路将自动售货机内的库存信息及时地传送各营业点的电脑中，从而确保了商品的发送、补充以及商品选定的顺利进行。并且，为防止地球暖化，自动售货机的开发致力于能源的节省，节能型清凉饮料自动售货机成为该行业的主流。在夏季电力消费高峰时，这种机型的自动售货机即使在关掉冷却器的状况下也能保持低温，与以往的自动售货机相比，它能够节约10% ~15% 的电力。进入 21 世纪时，自动售货机也将进一步向节省资源和能源以及高功能化的方向发展。

3．会动的磁鸭子

动手做一做

利用磁铁的一些特征，我们可以做很多有趣的游戏。自己动手试试吧。

首先用笔在纸上画出两只鸭子，用剪刀把鸭子的轮廓剪下来，接着给每只鸭子都插上一枚磁化的大头针。利用大头针把纸鸭子插到软木盘上，然后将它们放入装满水的盘子里。这时，你会发现，你做的小鸭子正做着弧形运动，然后就嘴部或头部相互贴近，转向东西方向。是不是很有意思呢？

游戏中的科学

游戏的原理是，鸭子相互接近沿着磁场的路线，相反的磁极相互吸引，同样的磁极相互排斥，再加上地磁场的作用，这些来自不同方向的力量使得鸭子的运动路线发生了变化。最好看的是鸭子嘴部的磁力相互吸引，使磁鸭子看起来更加生动可爱。

4. 铅笔也会被磁铁吸引

动手做一做

铅笔是否会被磁铁吸引住，这个还要通过实验来证明。

首先把一支带棱的铅笔放置在桌子上，然后在它的上面再放一支圆形铅笔，使其在上面保持平衡。然后我们把一块小磁铁小心地接近铅笔尖，你会发现，铅笔会转向磁铁。

铅笔为什么会被磁铁吸引呢？

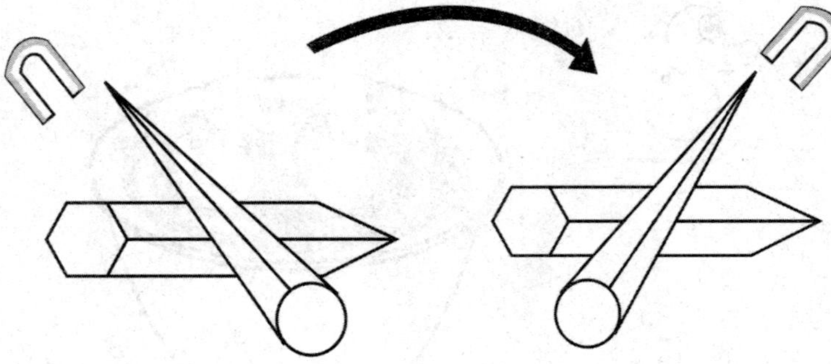

游戏中的科学

这是因为铅笔中的石墨被磁铁所吸引。吸引力虽然弱于铁器，但原理是一样的：石墨中微小的原始磁颗粒，本来排列混乱，通过强磁铁的磁场使其有序排列，出现南北两极，并随之被吸引。

趣味阅读

铅笔的由来

1564年，在英格兰的一个叫巴罗代尔的地方，人们发现了一种黑色的矿物——石墨。由于石墨能像铅一样在纸上留下痕迹，这痕迹比铅的痕迹要黑得多，因此，人们称石墨为"黑铅"。那时巴罗代尔一带的牧羊人常用石墨在羊身上画上记号。受此启发，人们又将石墨块切成小条，用于写字绘画。不久，英王乔治二世索性将巴罗代尔石墨矿收为皇室所有，把它定为皇家的专利品。但用石墨条写字既会弄脏手，又容易折断。

1761年，德国化学家法伯首先解决了这个问题。他用水冲洗石墨，使石墨变成石墨粉，然后同硫黄、锑、松香混合，再将这种混合物成条，这比纯石墨条的韧性大得多，也不大容易弄脏手。这就是最早的铅笔。直到 18 世纪末，世界上还只有英、德两国能够生产这种铅笔。拿破仑·波拿巴发动了对邻国的战争后，英、德两国切断了对法国的铅笔供应，因此，拿破仑·波拿巴下令法国的化学家孔德在自己的国土上找到石墨矿，然后造出铅笔。但法国的石墨矿质量差，且储量少，孔德便在石墨中掺入黏土，放入窑里烧烤，制成了当时世界上既好又耐用的铅笔芯。

在石墨中掺入的黏土比例不同，生产出的铅笔芯的硬度也就不同，颜色深浅也不同。这就是今天我们看到铅笔上标有的 H（硬性铅笔）、B（软性铅笔）、HB（软硬适中的铅笔）的由来。石墨铅笔共分 6B、5B、4B、3B、2B、B、HB、F、H、2H、3H、4H、5H、6H、7H、8H、9H、10H 等 18 个硬度等级，字母前面的数字愈大，分别表明愈硬或愈软。此外还有 7B、8B、9B 3 个等级的软质铅笔，以满足绘画等特殊需要。

5. 吃声音的硬币

动手做一做

把硬币放在录音机旁边，录音机就没有声音了，或者声音没有办法听清，你试过吗？

把录音带放进录音机，打开录音机，发现声音正常。把一枚硬币放在录音机录音带插口一侧的上方。然后，再按下录音机的按钮，此时根本就没有声音，或者声音没有办法听清，好像被硬币吃掉了一样。

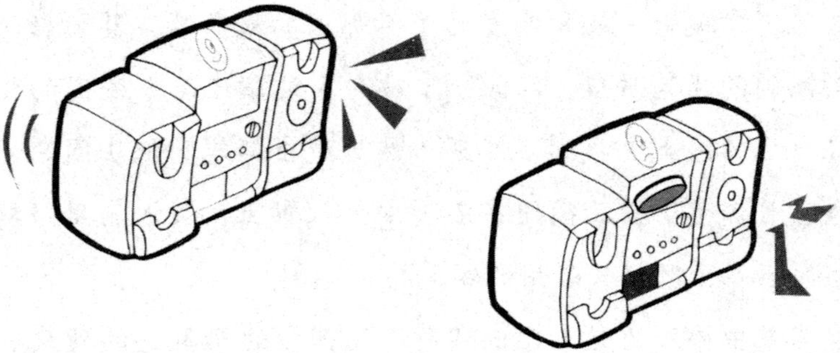

游戏中的科学

录音带之所以能够放出声音，是因为它具有磁性。而硬币通常是合金，除了含有镍之外，还含有钴。而钴具有强大的磁场，所以，把硬币放置在录音机上方时，录音带就会受到硬币中钴的干扰而失去磁性或者失去部分磁，以至发出模糊的声音，无法正常工作。

利用现成的录音带我们还可以做个引“蛇”出洞小游戏。用螺丝刀拧开废弃的录音带，卸下外壳，取出磁带，剪下30厘米左右的长度。在纸条上画上蛇眼，贴在磁带前端。剪开纸杯留下5厘米高的上半部，然后把铝箔包在外面，当做放蛇的竹篓。将磁带的一端用胶带粘在纸杯底部，在纸杯下方铺上拧干的湿毛巾。接下来把磁带卷在纸杯中，这时把磁铁拿到纸杯上方，“蛇”就会趁势而飞。

录音带的磁带涂过磁性物质所以才能记下磁力信号。正因为磁带具有磁性，所以，它会被磁铁所吸引，因而纸杯中的“蛇”会趁势飞出。

6. 不喜欢葡萄的磁铁

动手做一做

磁铁可以吸引铁、钴等金属，当然磁铁也会排斥一些东西，譬如葡萄，来看看吧。

首先把大头针从茶壶漏的盖子下方按进去，然后把盖子放在茶壶漏上。在吸管的正中央用小刀切一个洞，并在它的两端分别插上一粒葡萄，然后把从茶壶漏盖子上穿过的大头针穿进吸管的小洞中。这时把磁铁的 N 极靠近葡萄，发现葡萄被磁铁的磁力慢慢推远。再用磁铁的 S 极靠近葡萄，发现葡萄仍然被磁铁的磁力慢慢推远。

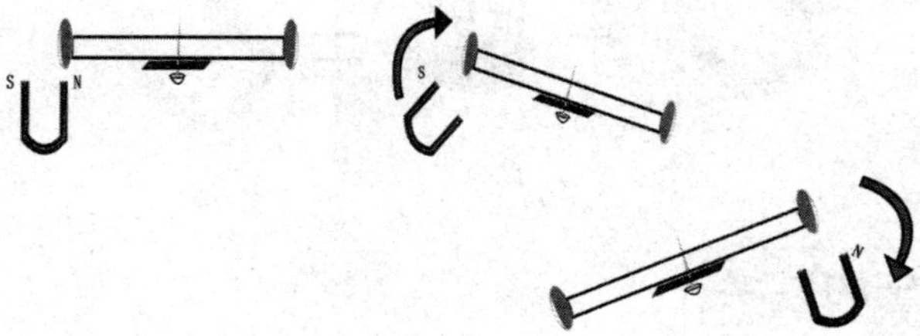

游戏中的科学

这是一个关于逆磁性物质的游戏。水是逆磁性物质，磁铁的 N 极和 S 极都会排斥水。而葡萄中含有大量的水分，因而，不管是磁铁的 N 极和 S 极，都会排斥葡萄。

7. 磁铁失灵

动手做一做

磁铁不能吸引铁质的东西了，这是怎么回事呢？

用火柴点燃一支蜡烛，然后用夹子夹起磁铁在火上烧，5 分钟后取下，放在一边自然冷却。冷却大约15 分钟后，用磁铁去吸桌子上的大头针。发现此时磁铁连一根大头针都吸引不上来，它完全失灵了。这是为什么呢？

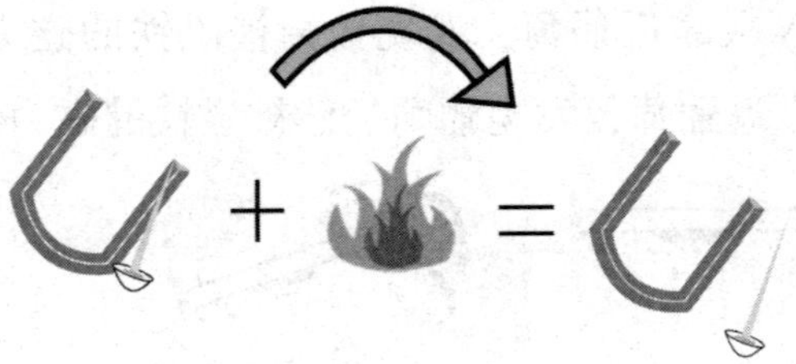

游戏中的科学

这是一个关于磁铁磁性消失的游戏。磁铁之所以具有磁性，是因为磁铁中的铁原子是很有规则地排列着的，然而，当磁铁受热后，铁原子的规则排列就被打乱了，因而也就失去了原有的磁性，所以，磁铁就失灵了，吸不起大头针了。

8. 麦片里的怪物

动手做一做

每天早餐中喝的麦片你注意过吗？它里面都有什么？下面我们用磁铁把它们揪出来瞧瞧。

首先把含铁麦片倒进塑料袋中，用手把麦片碾碎，然后把磁铁放进麦片中，摇晃几分钟。这时把磁铁提起来，可以发现在磁铁的表面吸附着很多微小的铁屑。用干爽的毛笔把这些铁屑扫到白纸上，就可以清楚地观察到这些神秘的物质啦。你知道它们是什么吗？

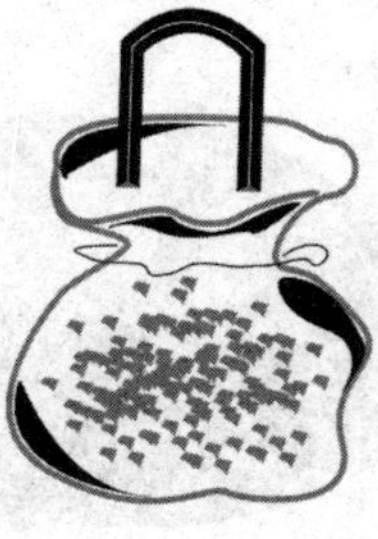

游戏中的科学

其实这些神秘的物质就是麦片中所含的非常精细的金属铁，是人体需要的元素，这些金属铁在磁铁面前就无处躲藏了，全部被吸了出来。

9. 悬浮的圆碟

动手做一做

电磁炉通电以后，放在电磁炉上的铝箔圆环就会上浮，好像要飞起来一样。

首先用圆规量好尺寸，把铝箔剪成一个圆盘，中间剪一个与卫生纸圆筒一样大小的圆洞。然后把卫生纸圆筒立在电磁炉的正中央，把铝箔圆盘套在圆筒上面。这时打开电磁炉，就可以看到圆盘浮上来了，好像要飞上去一样。

为什么会出现这样的现象呢？

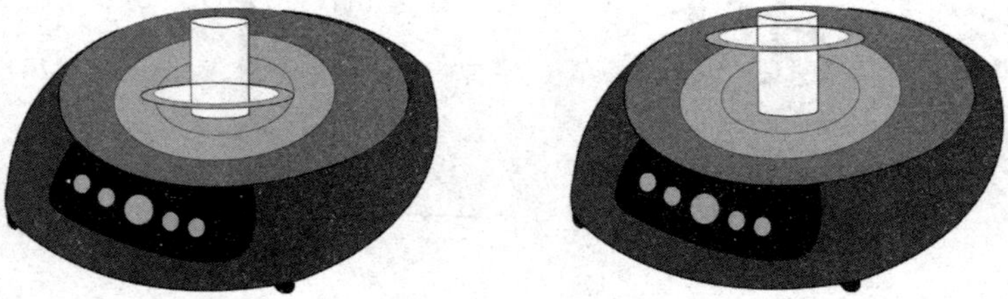

游戏中的科学

因为电磁炉内部装有铜线线圈，通电后形成磁场。铝箔在磁场中就会受到诱导而产生与电磁炉磁场相反的磁场。由于磁场与磁场相斥，所以圆盘受到一个排斥力，就会悬浮起来。

八、千变万化的物质

世上物质，数目之多令人目不暇接，千变万化令人困惑不解。

在物理变化中，例如原有深棕色、有金属光泽、固体的碘，经加热后，即升华变成紫色的蒸气。金块打成极薄的箔，金黄色变成蓝绿色；不透明变成半透明如云母。这变形不变质、面目全非的改变，已足使人目瞪口呆。

在化学变化中，例如：碳在不充足的空气中燃烧，生成有毒、易燃的一氧化碳；如在充足、过剩的空气中燃烧，则生成无毒、灭火的二氧化碳。这变形又变质的变化，更使人匪夷所思！

那么就让我们在以下的科学游戏中见证物质的千变万化吧！

1. 神秘的图画

动手做一做

在一次趣味化学表演会上，表演者把一张白纸挂在墙上，然后拿起喷雾器把一种无色透明的液体喷洒在这张白纸上，转眼之间，一幅美丽的图画就展现在观众的眼前。在深蓝色的波涛里行驶着一艘红褐色的巨轮。他的这一表演，使观众大吃一惊！明明是一张白纸，为什么转眼之间就出现了一幅美丽的图画。聪明的你，你知道这位表演者所喷出的图画的秘密在什么地方吗？

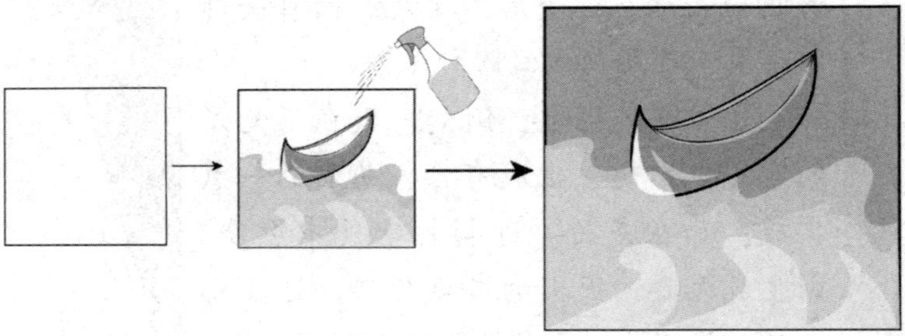

游戏中的科学

实际上这是一种普通的化学反应。墙上挂着的那张白纸，已经由表演者事先处理好了，他在这张白纸上用一种淡黄色的亚铁氰化钾溶液先画出汹涌澎湃的大海，再用无色透明的硫氰化钾溶液在大海里画出一艘巨轮，晾干后，白纸上没有一点痕迹。而表演时拿的喷雾器中装的是三氯化铁溶液，当把三氯化铁溶液喷洒在白纸上面时，在白纸上面同时发生两种化学反应。其一是三氯化铁和亚铁氰化钾反应，生成亚铁氰化铁（蓝色），其二是三氯化铁和硫氰化钾反应，生成硫氰化铁（红褐色）。这样，蓝色的大海和红褐色的巨轮就显现出来了。

2. 水中花园

动手做一做

你一定看过介绍海底奇异景色的电视节目吧？静静的海底，灰黑的岩石上生长着五颜六色的海底动植物：长长的像飘带一样的海藻，奇形怪状的海草，还有那美丽的珊瑚时隐时现；许多鱼、虾、螃蟹和其他不知名的海生动物在其中游来游去，好像一座幽静、美丽的花园。你希望自己能拥有这么一座花园吗？你如果想要的话，使用化学这根“魔杖”，就可以自己建造座人工的“水中花园”。

要造一座花园，首先要找齐工具。找一只大烧杯，或者一个玻璃瓶，当然如果你有一只长方形的玻璃水缸，那就更好了。在烧杯底上（或者玻璃缸底）铺一屋洗净的沙子和白色的小石子，然后在烧杯中加满20%硅酸钠溶液。硅酸钠又叫水玻璃，它是一种非常普通的化工原料，可以作黏合剂，也可以作填充剂。买来的硅酸钠一般浓度都很高，不符合我们的要求，需要用水冲淡稀释了再用。如果你配好20%硅酸钠溶液以后，发现溶液有点浑浊，这时最好用滤纸把硅酸钠溶液过滤以后再用，这样做虽然费点工夫，但是可以使你的“水中花园”悦人耳目、清澈透亮，而不像污染的花园一样。

装满硅酸钠溶液的烧杯或玻璃水缸要放在稳固的桌子上，千万别使烧杯受到震动，因为“化学花园”中的各种花草树木都弱不禁风，任何一丝的震动，对于这座“人工花园”来说，都不异于一次“地震”，都会使树木花草枝折叶断，使这座“园子”荒芜一片。

除了上面那些准备之外，我们还需一下“砖料”，需要预备一些氯化铜、氯化锰、氯化钴、三氯化铁、硫酸镍、氯化锌和氯化钙固体。当然固体的种类还可以多一些，若你手边有其他金属的盐，也可加上，这样会使你的花园中增添更多的奇花异草。实际上，很多金属盐都能与硅酸钠作用生成不同颜色的硅酸盐。再有氯化铜等固体的大小应该和黄豆差不多，每一种固体要多准备几粒。然后，将这些豆粒大小的固体一一投入到烧杯或玻璃水缸中。这时你一定要注意：必须让每颗固体在烧杯底上各占一个位置，所以在投放固体时，一定要特别小心。千万不要把各种混在一起，否则这座花园就会变得乱糟糟了。

当这些金属盐类固体加入到硅酸钠溶液中以后，它们就开始和硅酸钠起作用：

金属盐与硅酸钠的反应很慢，你仔细观察可以看到，在烧杯底上的各种晶体的顶端上，正在慢慢地往上生长出各种颜色的“花草”——硅酸盐，这些“植物”生长的方向大都是向上的。如果你是一个有耐心的人，你可以搬个凳子坐在一边细心观察，看看自己的“花园”是如何拔地而出的，这会是一件非常有趣的事情。不过，虽然“水中花园”中的“花草”生长速度数倍于自然界中的植物，但至少也需要半个小时，如果你有别的事情，也可暂时离开一下。

等你回来以后，再去看烧杯或玻璃缸时，你一定会被这美丽的

“水中花园”吸引。那么这些逼真的“植物”是怎么生长出来的呢？

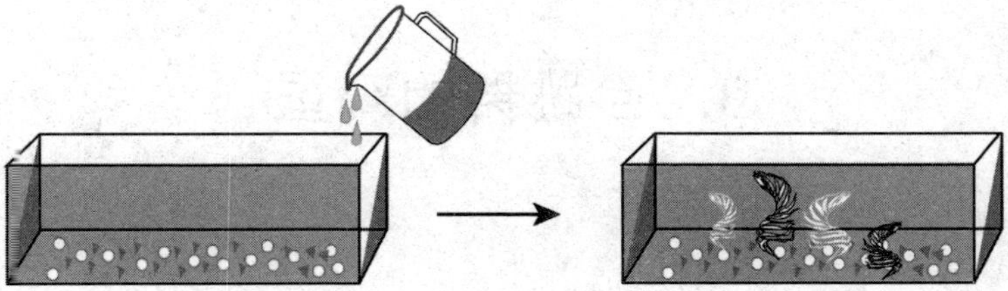

游戏中的科学

原来，是金属盐类固体加入到硅酸钠溶液中发生了以下反应：

$CuCl_2 + Na_2SiO_3 = CuSiO_3 + 2NaCl$

$MnCl_2 + Na_2SiO_3 = MnSiO_3 + 2NaCl$

$CoCl_2 + Na_2SiO_3 = CoSiO_3 + 2NaCl$

$2FeCl_3 + 3Na_2SiO_3 = Fe_2(SiO_3)_3 + 6NaCl$

$NiSO_4 + Na_2SiO_3 = ZnSiO_3 + Na_2SO_4$

$ZnCl_2 + Na_2SiO_3 = ZnSiO_3 + 2NaCl$

$CaCl_2 + Na_2SiO_3 = CaSiO_3 + 2NaCl$

硅酸钴像蓝色的海草；硅酸铜和硅酸像绿色的小丛；有红棕色的灵芝（硅酸铁）；甚至还有硅酸锌、硅酸锰、硅酸钙组成的白色、红色的钟乳石柱。你想永久保存这座美丽的“水中花园”吗？这也不难。你可以把玻璃滴管或吸虹管轻轻地插入硅酸钠溶液中，将烧杯中的硅酸钠溶液吸出。等硅酸钠溶液基本上吸完后，再慢慢地沿着烧杯的内壁把清水注入烧杯中。加水时一定要加倍小心，不要让水把这些“化学植物”的“枝干”折断了。

这样，这座人工的“水中花园”，只要不去震动它，就可以长期保存，而里面的植物也不用担心秋冬的到来而枝叶枯敝了。而那吸出的硅酸钠溶液又可为你建造一座又一座艳丽的“水中花园”。

3. 会跳舞的鸡蛋

动手做一做

在一只大烧杯中加入大半烧杯稀盐酸，再把一只鲜鸡蛋放入量筒，只见鸡蛋慢慢沉入到量筒底部，不一会儿，鸡蛋又慢慢向上浮，一直浮到液面上，摇一摇量筒，鸡蛋又沉下去，就这样鸡蛋在量筒中“跳起舞”来了，虽然舞姿不算优美，只会上下“跳”，但毕竟是“舞”起来了啦。那鸡蛋为什么会跳舞呢？

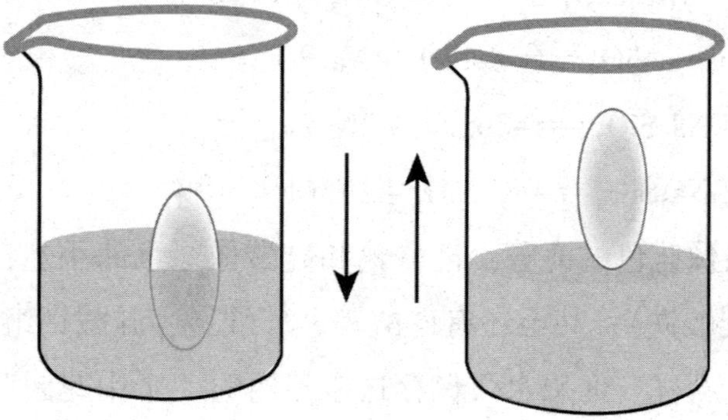

游戏中的科学

鸡蛋能在盐酸中跳舞，离不开二氧化碳的帮忙。鸡蛋壳中含有碳酸钙，碳酸钙与盐酸反应生成二氧化碳。生成的二氧化碳气泡附着在鸡蛋壳的表面，增大了鸡蛋的体积，使鸡蛋受到的浮力增大，所以鸡蛋会上浮；鸡蛋到液面后，表面的气泡破灭，体积变小，浮力变小，鸡蛋就会下沉，这样，鸡蛋就会上浮、下沉循环往复。

超级链接

取一只红壳鸡蛋（红壳鸡蛋的蛋壳稍硬），洗净，用布轻轻擦干。取10～20克的蜡，加热使之熔化，用毛笔蘸取蜡液，在蛋壳上绘图或写字，待白蜡冷凝后，把鸡蛋慢慢浸入10%的醋酸中，用筷子拨动鸡蛋，使它均匀地跟溶液接触约20～30分钟。当蛋壳表面产生较多的气泡，蛋壳上有明显的腐蚀现象即可。取出鸡蛋，用清水漂洗，晾干。用铁钉在鸡蛋的两端各打一孔，用嘴吹出蛋清和蛋黄。待蛋清和蛋白全部滴出后，用小刀轻轻刮去涂在壳上的白蜡，最后将蛋壳放在热水中浸一下，就能看到明显的图案花纹或字迹，被腐蚀的蛋壳表面很容易上色。

4. “可乐”变“雪碧”

动手做一做

可口可乐和雪碧都是夏令时节的理想饮料。可口可乐淡褐色的液体，而雪碧汽水则是清澈透明的液体。下面介绍一则将“可口可乐”变成“雪碧”的小游戏。

取可口可乐空瓶一只，倒入3/4体积的蒸馏水。取烧杯一只加入50毫升酒精，并加入适量碘片，制得深褐色酒精碘溶液。将配好的容液倒入可乐瓶中，边加边振荡碘直到溶液的颜色和可乐相似为止。一瓶“可乐”制好了。在干燥的瓶盖内放入硫代硫酸钠（大苏打）粉末，然后取一张糯米纸盖在粉末上，再将瓶盖轻轻地盖在瓶口上，小心盖紧，注意不要使大苏打粉末散落在瓶内。

将可口可乐瓶用力一摇，很快一瓶“可口”变成了无色透明的“雪碧”。神奇吧！

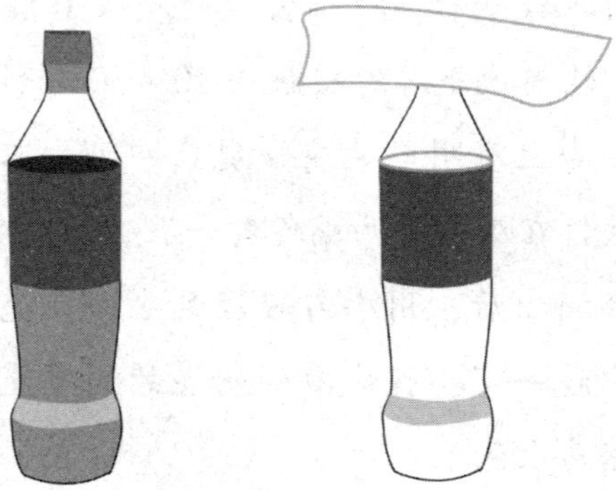

游戏中的科学

原来，硫化硫酸钠和碘能发生氧化—还原反应，褪去碘溶液的颜色：

$$I_2 + 2Na_2S_2O_3 = 2NaI + Na_2S_4O_6$$

自然，这种“可口可乐”不会可口，“雪碧”也不会令人清爽，它们绝对不能饮用。

5. 白糖变“黑雪”

动手做一做

白糖，是大家经常食用的一种物质，它是白色的小颗粒或粉末状，像冬天的白雪。然而，我却能将它立刻变成“黑雪”。如果你不信，那就请看下面的游戏吧。

在一个200毫升的烧杯中投入5克左右的白糖，再滴入几滴经过加热的浓硫酸，顿时白糖就变成一堆蓬松的“黑雪”，在嗤嗤地发热冒气声中，“黑雪”的体积逐渐增大，甚至满出烧杯。白糖顿时变成了“黑雪”，真有意思，谁知道这里的奥妙在什么地方？

游戏中的科学

原来白糖和浓硫酸发生了一种叫做“脱水”的化学反应。浓硫酸有个特别古怪的爱好，就是它与水结合的欲望特别强烈，它充分利用空气中的水分，就是其他物质中的水分它也不放过，只要一相遇，它就非得把水夺过来不可。

白糖是一种碳水化合物（$C_{12}H_{22}O_{11}$），当它遇到浓硫酸时，白糖分子中的水，立刻被其夺走，可怜的白糖就剩下炭了，变成了黑色。浓硫酸夺过水为己有之后，并不满足，它又施展另外一个本领——氧化，它又把白糖中剩下来的炭的一部分氧化了，生成了二氧化碳气体跑出来。

$$C + 2H_2SO_4 = 2H_2O + 2SO_2 + CO_2$$

由于反应后所生成的二氧化碳和二氧化硫气体的跑出，所以体积越来越大，最后变成蓬松的“黑雪”。在浓硫酸夺水的“战斗”中，是个放热过程，所以发出嗤嗤的响声，并为浓硫酸继续氧化碳的过程提供热量。

6. 变色手帕

动手做一做

化学老师在讲新课之前，给同学们做了个有趣的化学小魔术。在讲台上放着一个小嘴的绿色玻璃瓶子，只见老师手中拿着两块鲜红的新手帕，然后放在自来水里沾了一下，取出后拧了拧，接着对大家说：“我能把这两块红手帕变成黄色的和白色的。”随后，把这两块手帕塞进瓶子里盖上盖，上面遮块布。稍等片刻，老师故意地大声说：“变！”接着掀开布，打开瓶盖，有条不紊地取出一块黄色手帕。又盖上瓶子，不一会儿，从瓶子里取出另一条白色手帕。同学们都以惊讶的目光望着老师，这究竟是怎么回事？

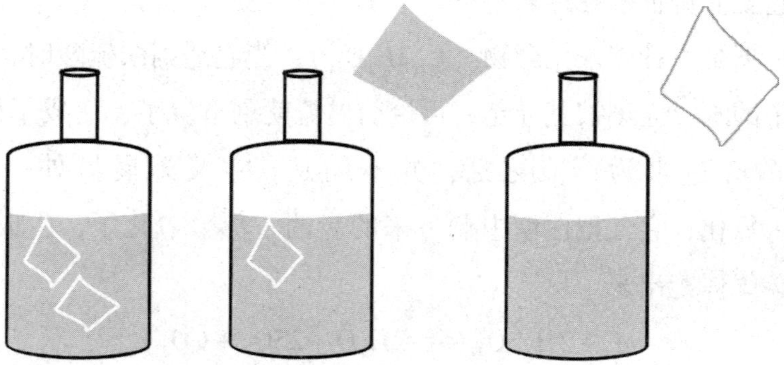

游戏中的科学

原来，瓶子里集满了呈绿色的氯气，氯原子是一种非常活泼的非金属元素。干燥的氯在低温下不太活泼，但有微量水存在时，反应急剧加快。其原因是：氯气易溶解于水而生成盐酸和次氯酸，次氯酸很不稳定，易分解，放出的氧气，它是一种极强的氧化剂。所以，将湿的红手帕逐渐地氧化成黄色，再由黄色氧化成白色，这就是氯气的退色作用。氯气的这一重要性质，在工业上得到了广泛的应用．比如，人们熟悉的漂白粉就是如此。

注意事项：氯气是一种有毒性的气体，有剧烈的窒息性臭味，对呼吸器官有强烈的刺激性，应小心使用。

7. 玻璃棒点燃了冰块

动手做一做

玻璃棒能点燃冰块，你一定以为这是在说笑话吧。不过，这完全是真事。冰块可以燃烧，这会使人惊奇，而更使人惊奇的是不用火柴和打火机，只要用玻璃棒轻轻一点，冰块就立刻地燃烧起来，而且经久不息。你如果有兴趣，可以做个实验看看。

先在一个小碟子里，倒上 1 ~2 小粒高锰酸钾，轻轻地把它研成粉末，然后滴上几滴浓硫酸，用玻璃棒搅拌均匀，蘸有这种混合物的玻璃棒，就是一只看不见的小火把，它可以点燃酒精灯，也可以点燃冰块。不过，在冰块上事先放上一小块电石，这样，只要用玻璃棒轻轻往冰块上一触，冰块马上就会燃烧起来。

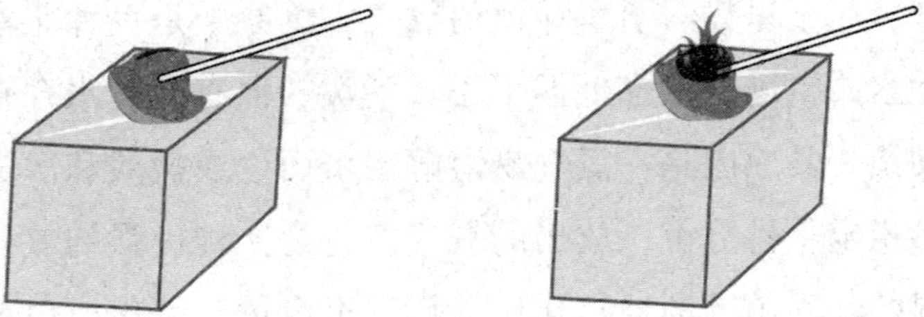

游戏中的科学

道理很简单。冰块上的电石（化学名称叫碳化钙）和冰表面上少量的水发生反应，这种反应所生成的电石气（化学名称叫乙炔）是易燃气体。由于浓硫酸和高锰酸钾都是强氧化剂，它足以能把电石气氧化并且立刻达到燃点，使电石气燃烧。另外，由于水和电石反应是放热反应，加之电石气的燃烧放热，更使冰块熔化成的水越来越多，所以电石反应也越加迅速，电石气产生的也越来越多，火也就越来越旺。

8. 茶水——墨水——茶水

动手做一做

星期天，小明和爸爸在市工人文化宫看了一场魔术表演，其中有一个节目是：茶水变墨水，墨水变茶水。

台上的魔术师手里端着不满一杯棕黄色的茶水，只见他用玻璃棒在茶水中搅动一下，大喊一声“变”，此时，茶水立刻变成了蓝色的墨水。接着，这位魔术师又将玻璃棒的另一端在墨水杯里搅动一下，大喊一声“变”，果然，刚刚变成的蓝墨水又变成了原来的茶水了。多么奇妙的表演呀！小明同学赞不绝口。但是他怎么也弄不清楚是怎样变来变去的，你能帮助他把变的道理搞清楚吗？

游戏中的科学

这是个非常有趣的化学反应。原来玻璃棒的一端事先蘸上绿矾（化学名称叫硫酸亚铁）粉末，另一端蘸上草酸晶体粉末。因为茶水里含有大量的单宁酸，当单宁酸遇到绿矾里的亚铁离子后立刻生成单宁酸亚铁，它的性质不稳定，很快被氧化生成单宁酸铁的络合物而呈蓝黑色，从而使茶水变成了“墨水”。草酸具有还原性，将三价的铁离子还原成两价的亚铁离子，因此，溶液的蓝黑色又消失了，重新显现出茶水的颜色。

这种现象在人们生活中也是经常遇到的，当你用刀子切削尚未成熟的水果时，常常看到水果刀口处出现蓝色，有人以为是刀子不洁净所造成的。其实，这种情况同上述茶水变墨水是一样的道理，就是刀子上的铁和水果上的单宁酸产生化学反应的结果。

9. 再现指纹

动手做一做

用手指肚在纸上用力按一下，看一看纸上什么痕迹也没有留下，怎样才能看见你留下的指纹?

先在白纸上印上指纹，这时的白纸上并没有指纹的印迹。把少量碘酒放进铁盒里，之后点燃蜡烛，使碘酒在蜡烛上方加热，一直加热到碘酒变干，有紫红色蒸气放出时，然后将印有指纹一面的白纸对着蒸气。过一会儿，纸上就显现出浅色的指纹。

纸上为什么会显出指纹来呢?

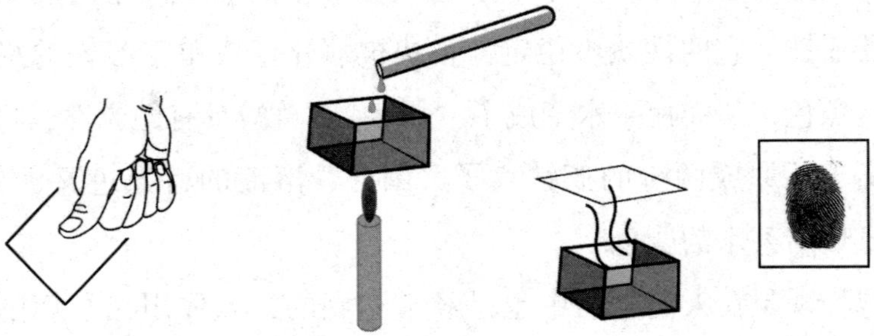

游戏中的科学

原来，人的皮肤表面总有些油脂，对皮肤起保护作用，皮肤表面的指纹是凸凹不平的，低的地方油脂多一些，高的地方油脂就少些，手指肚按到纸上，油脂就被纸吸收，油脂在纸上分布也同样是不均匀的，但和指纹上油脂分布情况相同。

碘酒受热时会变成气体，气体受冷时又会直接变成固体，它在油脂里极易溶解，于是纸上就出现颜色深浅不一的指纹。

趣味阅读

指纹是独一无二的

指纹是独一无二的，并且它们的复杂度足以提供用于鉴别的足够特征。

指纹是人类手指末端指腹上由凹凸的皮肤所形成的纹路。指纹能使手在接触物件时增加摩擦力，从而更容易发力及抓紧物件。它是人类进化过程式中自然形成的，目前尚未发现有不同的人拥有相同的指纹。由于指纹是每个人独有的标记，近几百年来，罪犯在犯案现场留下的指纹，均成为警方追捕疑犯的重要线索。现今鉴别指纹方法已经电脑化，使鉴别程序更快更准。

指纹由遗传影响，由于每个人的遗传基因均不同，所以指纹也不同。然而，指纹的形成虽然主要受到遗传影响，但也有环境因素，当胎儿在母体内发育3～4个月时，指纹就已经形成，但儿童在成长期间指纹会略有改变，直到青春期14岁左右时才会定型。在皮肤发育过程中，虽然表皮、真皮，以及基质层都在共同成长，但柔软的皮下组织长得比相对坚硬的表皮快，因此会对表皮产生源源不断的上顶压力，迫使长得较慢的表皮向内层组织收缩塌陷，逐渐变弯打皱，以减轻皮下组织施加给它的压力。如此一来，一方面使劲向上攻，另一方面被迫往下撤，导致表皮长得曲曲弯弯，坑洼不平，形成纹路。这种变弯打皱的过程随着内层组织产生的上层压力的变化而波动起伏，形成凹凸不平的脊纹或皱褶，直到发育过程中止，最终定型为至死不变的指纹。有人说骨髓移植后指纹会改变，那是不对的。除非是植皮或者深达基底层的损伤，否则指纹是不会变的。

九、奇妙多变的植物

绚丽多彩的植物世界总是能给人以无限的精彩！不到树丛花草间走一走看一看，不到神秘的大自然去探索一翻，就不会发现植物的世界是多么的奇异；就不会惊讶很多不可思议的事情；就不会丰富巩固我们在课堂上学到的理论知识。

那么就请大家跟随我们的步伐进入植物的世界里去寻觅那奇妙多变的植物吧！

1. 鲜花三变

动手做一做

一朵红花，可以用化学方法使它三次变色。如果你有兴趣，可以动手试验一下。

一变：取一束湿润的红色玫瑰花（或月季花），浸没在亚硫酸溶液里，红花立刻全部变成白花。

二变：用注射的针筒（或滴管）吸取少量稀硝酸，射在已经漂白的花瓣上，在射到硝酸的地方，白色又转变为红色，形成红白双色的花。

三变：如果把红白双色的花全部浸没在硝酸里，则红白双色的花，又变成红色的花了。

游戏中的科学

一变是因为二氧化硫具有漂白作用，它与花瓣里的红色素结合，生成了无色的物质。二变是因为二氧化硫跟红色素结合生成的无色物质不稳定，在有氧化剂（如硝酸）的作用下，就被分解而恢复原来的物质。三变时因为硝酸的作用，白花又被还原成红色。

2. 自制湘妃竹

动手做一做

湘妃竹就是“斑竹”，亦称“泪竹”，外表有斑点。这种竹子生长在湖南九嶷山中，传说是舜帝二妃娥皇女英的眼泪沾在竹上而形成的。这种竹也可以用一般的竹子，按照一定的方法仿制而成。湘妃竹在外观上非常别致，能制作成具有一定装饰价值的工艺品。

首先需要制取硫酸泥浆，量取85毫升水倒入小烧杯，再量取15毫升浓硫酸，将浓硫酸慢慢地倒入水中，并不断搅拌，配成15%的稀硫酸备用。随后用滴管吸取15%的稀硫酸慢慢地加入盛有磨细并干燥了的泥粉的烧杯中，边滴边搅拌，直到配成具有一黏稠度的酸泥浆待用。然后就开始加工竹子：取洗干净并干燥的竹子，用锯子锯下所需部分。然后用刮刀轻轻地刮去边上的毛刺，用砂纸将四周打光并用铅笔在竹片或竹筒上画上图案或写上文字。接下来用毛笔蘸取酸泥浆，根据底稿进行描涂，然后将竹制品上的泥浆用电吹风吹一或者放在太阳下晒干。最后用湿抹布将烘干的泥迹擦掉后，竹片上就会显出清晰的图画，有条件的话还可以在竹片上涂上一层清漆。这样，漂亮的湘妃竹就做成了。

这是什么原理呢？

游戏中的科学

浓硫酸是一种腐蚀性很强的酸，它除了具有一般酸的性质以外，还具有强烈的脱水性，可以将某些物质中的氢氧元素以水的形式脱去。竹子本身主要由碳、氢、氧三种元素组成。用一定浓度的硫酸处理竹子，就能把竹子内的氢氧元素以水的形式脱去，而使其局部炭化。这样，普通的竹子就成为湘妃竹了。

注意事项：实验中要使用到浓硫酸，在量取和稀释浓硫酸时要注意操作正确，在制作竹制品毛坯时，使用锯、刀也要注意安全。此外，实验中的泥土必须烘干或晒干，并放入研钵中研细，用塑料窗纱筛过。在描制图案时线条不宜太细、太密，描涂的酸泥浆的厚度根据需要而定，而且操作时要小心。如要达到较好的效果，可先作些小样试验。

3. 苏醒的鲜花

动手做一做

鲜花离开母体后，依然能在空气中呼吸并从水中吸取营养。所以，只要给予它是适当的水分，它就还能存活相当长的一段时间。

我们可以先将一簇正在开放的花朵从根部剪下来，插入装有水的瓶中，过两天你会发现，这簇插枝鲜花竟然没精打采地垂下了头，怎么办？鲜花还会苏醒过来吗？不要着急，当你的鲜花刚一垂头时，你赶紧将花枝的末端一小段剪去，再把花枝插入装满干净冷水的容器中，留花头露于水面，过 2 小时左右，鲜花就会苏醒过来了。

游戏中的科学

为什么鲜花这么快就垂头丧气呢？它并不缺少水分啊，将花枝从水中提起，你会发现，花枝的剪口截断面有一层薄薄的糊状东西。这是什么呢？原来，花朵从水中吸取养料和呼吸的过程中，会向根部排出一种物质。而现在，花枝的根部已经不存在了，就只好积聚在剪口的截断面上，而要命的是，截断面恰好是花朵吸取水分的重要通道，这么一来，通道便被阻死了，花儿吸不到水分，自然就蔫了，而当我们剪去花枝末端的时候，花儿又能吸收水分，所以就苏醒过来啦。

4. 会呼吸的植物

动手做一做

植物也能呼吸？可是它没有嘴巴，没有鼻子，怎么呼吸呢？

找来一盆栽在花盆里的植物，在 3 ~ 5 片叶子的正面厚厚地涂一层凡士林，在另外 3 ~ 5 片叶子的背面厚厚地涂一层凡士林。在 10 天中，每天要观察两片叶子之间有什么变化。你会发现，在正面涂凡士林的叶子没有什么变化，而在背面涂凡士林的叶子发蔫了。

这是为什么呢？

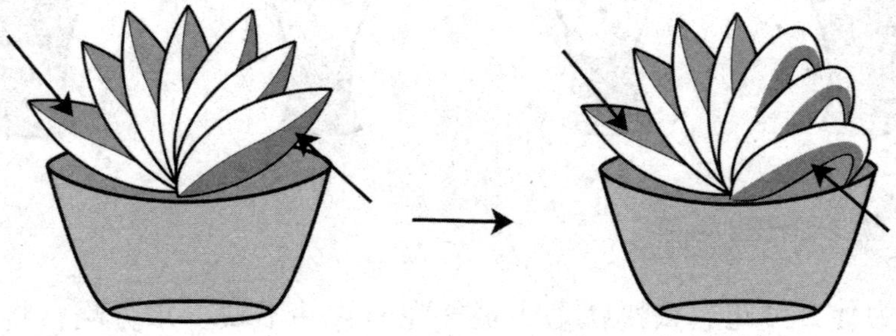

游戏中的科学

我们都知道，气孔是植物与外界进行气体交换的孔道和控制蒸腾的结构。通过它的开闭，调控着植物的气体交换率和水分蒸腾率，对植物的生活起着极为重要的作用。而陆生植物的气孔一般都长在叶子的背面，当叶子的气孔被堵死后，气体无法自由出入，叶子便枯萎了。另外，因为叶子的正面没有气孔，所以在正面涂上凡士林，叶子也不会有什么变化。

注意事项：如果在叶子的正面、背面都涂上凡士林，那么将无法比较，必须分为只涂正面的和只涂背面的。涂凡士林时，应该均匀地涂在叶子整个表面。

趣味阅读

光合作用的发现

直到18世纪中期，人们一直以为植物体内的全部营养物质，都是从土壤中获得的，并不认为植物体能够从空气中得到什么。

1771年，英国科学家普利斯特利发现，将点燃的蜡烛与绿色植物一起放在一个密闭的玻璃罩内，蜡烛不容易熄灭；将小鼠与绿色植物一起放在玻璃罩内，小鼠也不容易窒息而死。因此，他指出植物可以更新空气。但是，他并不知道植物更新了空气中的哪种成分，也没有发现光在这个过程中所起的关键作用。后来，经过许多科学家的实验，才逐渐发现光合作用的场所、条件、原料和产物。

1864年，德国科学家萨克斯做了这样一个实验：把绿色叶片放在暗处几小时，目的是让叶片中的营养物质消耗掉。然后把这个叶片一半曝光，另一半遮光。过一段时间后，用碘蒸气处理叶片，发现遮光的那一半叶片没有发生颜色变化，曝光的那一半叶片则呈深蓝色。这一实验成功地证明了绿色叶片在光合作用中产生了淀粉。

1880年，德国科学家恩吉尔曼用水绵进行了光合作用的实验：把载有水绵和好氧细菌的临时装片放在没有空气并且是黑暗的环境里，然后用极细的光束照射水绵。通过显微镜观察发现，好氧细菌只集中在叶绿体被光束照射到的部位附近；如果上述临时装片完全暴露在光下，好氧细菌则集中在叶绿体所有受光部位的周围。恩吉尔曼的实验证明：氧是由叶绿体释放出来的，叶绿体是绿色植物进行光合作用的场所。

5. 不怕冷的松树

动手做一做

为什么松树即使在大雪的天气里也依然苍翠碧绿呢？

我们从公园里摘几根松针，再从家里的花草上摘一片宽叶子，放在鼻子底下仔细闻一下，花草的宽叶子有青草的气味，而松针却有一股油脂的气味，放在显微镜下观察，花草的叶子表面只有薄薄的一层膜，蒸发水分用的小孔也很明显，而松针的表面则布满了油脂，几乎看不到蒸发孔。

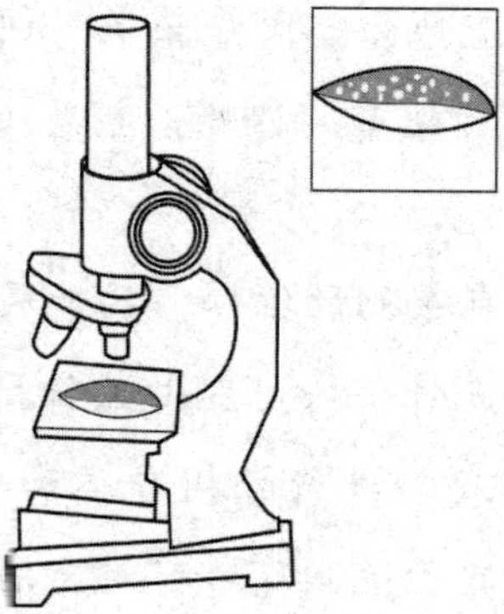

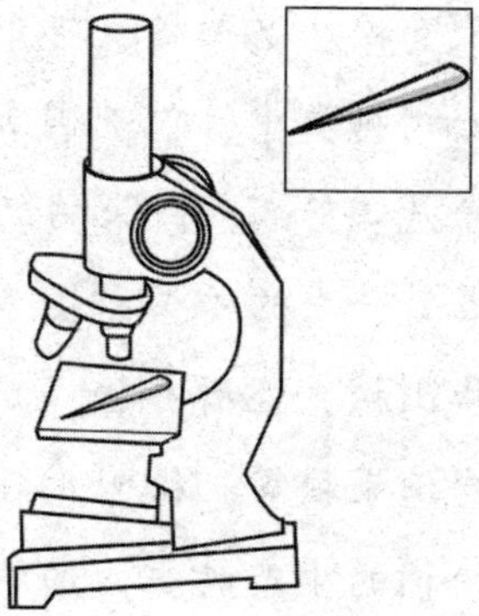

游戏中的科学

松树厚厚的油脂就好像温暖的棉衣一样，既阻止了水分的蒸发，又起到了御寒的作用，加上松针的表面积很小，相对地蒸发的水分就更少了。所以秋天来临的时候梧桐等阔叶植物纷纷落叶，但即使在严寒的冬天，松树依然能够苍翠碧绿。

科学小知识

各种各样的松针

世界上松树种类将近80余种，虽然种类繁多，叶形大都细长似针，通称松针。针叶多数由一枚叶或几枚叶成束生在一起，一针一束的单叶松，仅美国的内华达州和墨西哥有分布，属少数种。而两针一束的双叶松不仅种类多，而且分布广，如分布于华北，西北几省区的油松、樟子松、黑松和赤松、华中几省的马尾松、黄山松、高山松、秦巴山区的巴山松，以及台湾松和北美短叶松，多数是我国荒山造林的主要树种。

三针一束的三叶松有分布于秦岭，关山林区的白皮松、川滇地区的云南松、思茅松、华中华南引种的湿地松、火炬松等。四针一束的松树种类少，仅美国加利福尼亚州有分布。另外，卵果松、拉威逊松是四针或五针束的。

五针一束的松树种类多，分布广，有东北的红松、西北西南几省的华山松，还有乔松、广东松、安徽五针松、大别山五针松、偃松、台湾果松等。松针的不同，有助于我们进行松树分类和识别，认识松树的生态特征。通常五针松是适宜于湿润环境，对土壤要求较严格，而两针或三针束的松树就比较能耐干旱，在较薄的土壤上也能生长。如两针一束的油松，对陆性气候和大气干旱有较强的适应性，当然，这还与其针叶气孔带凹陷，叶面被蜡质可减少部分蒸发有关。

6. 苔藓的奥秘

动手做一做

为什么说苔藓是天然的环境监测仪呢？让我们去野外找一些苔藓来仔细观察吧。

找到苔藓后，揪几株回来，将它连同根部的泥土一起放入一个广口瓶中，在瓶内放入一些二氧化硫气体，用玻璃片紧紧地盖上，六七个小时之后，你会发现，苔藓的叶子就变成黄色或者黑褐色。几十个小时后，有的苔藓植物就干枯死亡了。

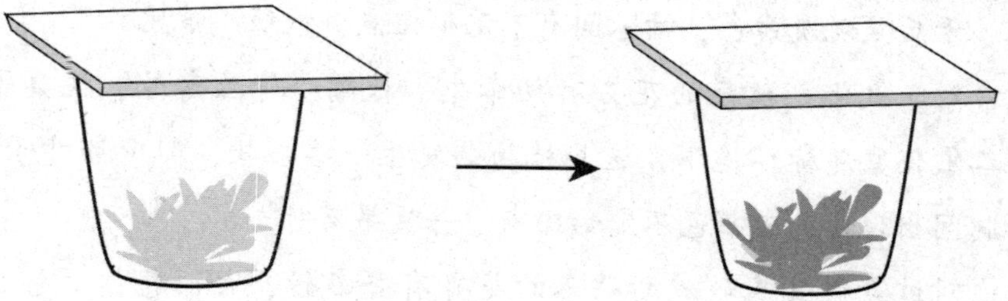

游戏中的科学

苔藓植物属于高等植物中比较低等的一类，它们分布地区很广，长得都不大，一般不超过 10 厘米。将苔藓拿到放大镜下仔细观察，你就能发现，苔藓的构造很简单，叶片一般是单层细胞，没有保护层，外界气体很容易直接侵入细胞里。只要空气中的二氧化硫的浓度超过 5‰，苔藓植物就能敏锐地感受出来。因此，在监测环境污染中它可以时刻替人们“放哨”，成为名副其实的天然环境监测仪。

趣味阅读

可监测环境的植物

对二氧化硫污染敏感的草本植物有紫花苜蓿、芝麻、元麦、蚕豆、大麦、棉花、大豆、荞麦、小麦、烟草、菠菜等，木本植物中有苹果、梨、悬铃木、雪松、油松、落叶松、樱花、杜仲、梅花等，这些植物如出现叶有斑点、枝叶非正常枯黄、花朵非正常萎缩，说明已受二氧化硫污染。

对二氧化碳敏感的花卉有紫菀、秋海棠、美人蕉、矢车菊、彩叶草、非洲菊、三色堇、万寿菊、牵牛花、百日草等。在二氧化碳超标环境下，这些植物会发生急性症状，即叶片呈暗绿色水渍状斑点，干后呈现灰白色，叶脉间有不定形斑点，褪绿、黄化。

对二氧化氮敏感的花卉有矮牵牛、杜鹃、荷兰鸢尾、扶桑等。在二氧化氮超标环境下，这些植物会发生一些症状，即中部叶子的叶脉间出现白色或褐色不定形斑点，并提早落叶。

对过氧化酰基硝酸酯敏感的花卉有香石竹、大丽花、小苍兰、凤仙草、矮牵牛、报春花、蔷薇、一品红、金鱼草，其症状是幼叶背面出现古铜色，好像上了釉一样，叶生长异常，向下方弯曲，上部叶片的尖端枯死，枯死部位呈白色或黄褐色，在显微镜下观察时，可以看到靠近气室的叶肉细胞中原生质皱缩。

对臭氧敏感的花卉有矮牵牛、藿香蓟、秋海棠、小苍兰、香石竹、菊花、三色堇、紫菀、万寿菊等，出现如下症状：叶表呈现蜡状，有坏死斑点，干后变白色或褐色，叶发生红、紫、黑、褐等颜色，提早落叶。

对氟化氢最敏感的花卉有唐菖蒲、美人蕉、仙客来、萱草、风信子、鸢尾、郁金香、杜鹃、枫叶等，这些花卉叶的尖端发焦，接着周缘部分枯死，落叶、叶片褪绿，部分变成褐色或黄褐色。

可作为氯气监测器的花卉有百日草、蔷薇、郁金香、秋海棠、枫叶等，在氯气含量超标情况下即发生类似二氧化硫与过氧化酰基硝酸酯中毒的症状，叶脉间出现白或黄褐色斑点，很快落叶。

对氨气敏感的花卉有矮牵牛、向日葵等，在氨气浓度为 17 毫克/千克经 4 小时，叶两面变白色，叶缘部分出现黑斑及紫色条纹，提早落叶。

7. 没有根的海中植物

动手做一做

大海中也有不少植物，那么，大海中的植物是否也和陆地上的植物一样，会长根、开花呢？

从市场上买来一条干海带（最好比较完整），将它放入盛有开水的玻璃杯中，泡开后仔细观察，你会看到，海带的根须特别小，相对它长长阔阔的身子来说，简直就是一个人的一个小脚指头和整个身体。

陆地上的植物都依靠根吸收地下的水分和营养，来维持生命的需要。而海带这么小的根，怎么能维持自己庞大的身子的营养吸取和输送功能呢？

游戏中的科学

原来，海里的植物泡在水里，所需要的水分和营养随时可以由整个植物从海中摄取，所以它们不需要根。海里植物的根、茎、叶在结构上没有明显的区别，有的看来好像有根，其实是假根，它们只需像锚一样抓住海底岩石，使自己不被冲走就行了。另外，海里植物不开花，只生有细小的孢子，孢子脱落后附在岩石上生长，再慢慢地长成植物。

科学小知识

水生植物的类型

我国湖泊中常见的水生高等植物约有70种，它们中绝大多数生长在淡水湖中，属淡水种类；个别种类可生长在咸水环境中，属咸水种类。根据不同的形态特征和生态习性，水生高等植物可分为挺水植物、漂浮植物、浮叶植物和沉水植物四个生态类型。如果湖盆形态比较规则，水动力特性和底质条件也较为近似，那么这四种生态类型多呈环带状分布，即由沿岸向湖心方向依次出现挺水植物，漂浮植物、浮叶植物和沉水植物所组成的生态系列。

挺水植物：其茎叶伸出水面，根和地下茎埋在泥里，常见的有芦苇、蒲草、水葱以及稗、苔和蓼属植物等。

漂浮植物：其茎叶或叶状体漂浮于水面，根系悬垂于水中漂浮不定，在浅水处有的根系仍可扎入泥土之中，常见的有满江红、浮萍、水憨、水浮莲、凤眼莲和槐叶萍等。

浮叶植物：其根生长在湖底泥土之中，叶柄细长，叶片自然漂浮在水面上，常见的有芡实、荇菜、睡莲、金银莲花和菱等。

沉水植物：其根扎于泥中，全株沉没于水面之下，常见的有轮叶黑藻、金鱼藻、狐尾藻、马来眼子藻、草、苦草和水车前等。

8. 枫叶变红的秘密

动手做一做

每当秋天来临，漫山的枫树叶就变红了，山坡上层层叠叠，像一团团火焰，十分壮观。下面这个小游戏将告诉我们怎样让绿色的叶子短时间内变红。

从树上摘下一片肥壮的枫叶，放在太阳下晒上一整天，然后在它身上滴上一滴醋，这时，你会惊讶地看到，这片叶子变红了。这是为什么呢？

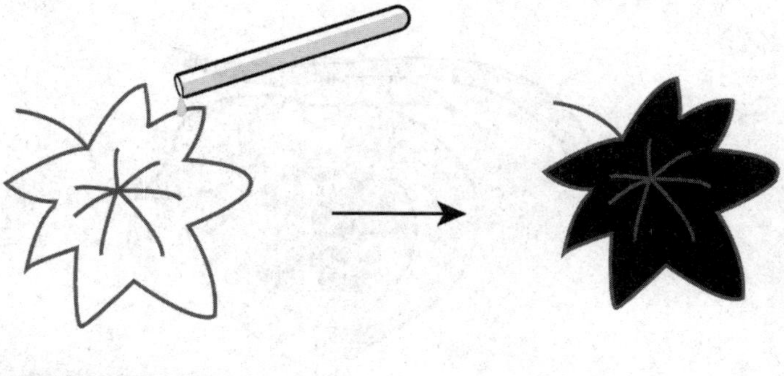

游戏中的科学

原来，叶子是制造养料的一个器官，当它脱离树木后，不再向树木输送养料，但它仍然在接受阳光照射，光合作用形成的养料送不出去，留在叶子里，变成花青素，而花青素遇到酸性物质后，会呈现出红色，所以叶子就变红了。枫叶、柿叶都是酸性叶，所以秋天它们都会变成红色，而其他叶子则不会。

9. 长字的桃子

动手做一做

有什么办法能让桃子天生身上就有字吗？

首先，去桃园寻找合适的桃子，桃子要求形状周正。然后在桃子向阳光的一面，用烟盒里的铝箔剪成你要写的字形，再用胶水粘到未成熟的桃子上，之后就等着桃子成熟了。等桃子成熟以后，揭下铝箔，将桃子清洗干净，就可以很清楚地看到有阳光的一面留下了你原来写下的字迹。这是怎么回事呢？

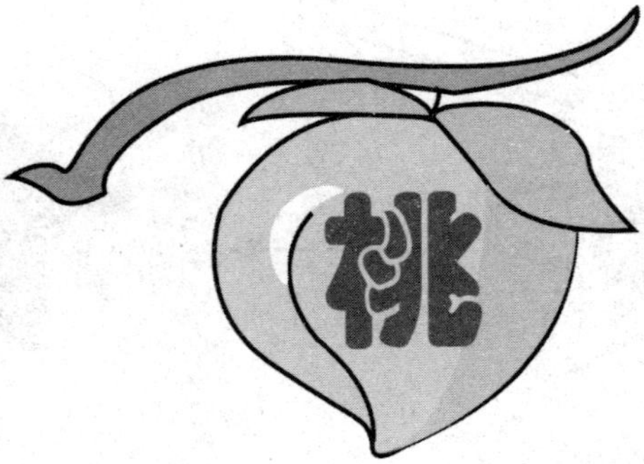

游戏中的科学

这是因为，桃子的生长过程中需要不断地从阳光中吸收能量，而被你用铝箔写出字形的那一部分已经遮住了阳光，自然就不会像其他部位一样能充分吸收阳光了。因此，当桃子成熟以后，这一部分的颜色和其他部分的颜色是有所区别的，这样就形成了会长字的桃子了。

趣味阅读

艺术苹果

艺术苹果简单的说就是文化果。它是通过日光处理技术，将苹果赋予艺术文化色彩，是书法、简笔画、剪纸、电脑 PS 等行为艺术的一种自然表现方式，通过图案设计、遮光图案纸制作、果实套袋、果实摘袋、果实筛选、粘贴、采收、选果等系列程序制作而成。由于字画的壁画部分遮挡了太阳光线，当果实采收时，红艳艳的苹果表面便被阳光雕刻上了金黄色的各式图案或书法作品，形成一系列各种生动形象、栩栩如生的艺术图案，给人启示和享受，达到寄托祝福，传递情感的目的。

10. 自制香水

动手做一做

我们喜欢取自天然的花香，而实现这一愿望，除了买香水外，还可以自己提取。

选取你喜欢的香味的花，将其花瓣丢进水杯中，然后在水杯中滴入几滴酒精。记得将水杯盖紧，或用保鲜膜将其封闭起来。之后我们将水杯拿到一个阳光照得到的地方，7 天后再打开水杯，取水杯中的一点水，涂抹在手臂上，我们会闻到好闻的花香。这时我们就可以将花的味道提取出来了。

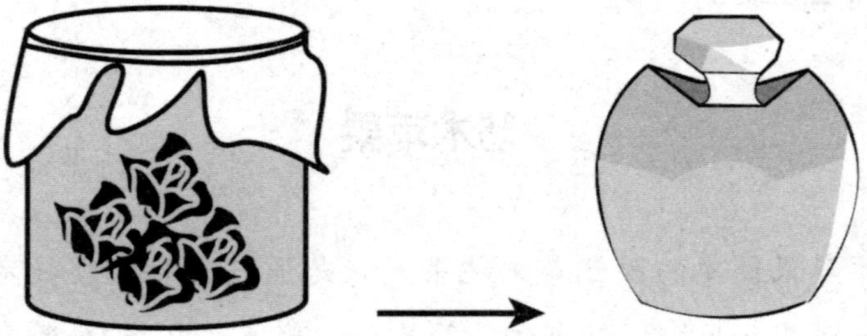

游戏中的科学

花的香味之所以能被提取出来，是因为花瓣中有一种油细胞，这种细胞能分泌出芳香油，而这种油就是导致我们最终闻到好闻的花香的来源。当我们在有花瓣的水中加入酒精的时候，酒精就将花瓣的芳香油萃取了出来。所以，当我们将这种带有花香的液体涂抹在手臂上的时候，本身具有挥发性质的酒精就将花的香味散发出来，我们就闻到好闻的花香了。

趣味阅读

香水的制造

作为香水文化的缔造者，香水制造商们总是竭尽全力地创造时尚生活中人们所梦想要的香水，满足人们对自身品位和文化层次的追求愿望。

在很久以前，制造香水被人认为是非常浪漫却高深的学问，这门学问起源于法国，称作芳香学。当时，人们发现脂肪可以吸取香味。就像现在如果我们把一块黄油和菠萝放置在冰箱内，黄油就会吸收菠萝的香味而变得香起来。

芳香学的方法，也就是把脂肪在一块块玻璃上抹均匀，再将这些玻璃块放置在木制的框架上，周围洒满鲜花，花朵每天都要不停地更换，不能有一点枯萎。这样换了许多次后，这些脂肪颜色逐渐变深，也渐渐饱和起来，便将它们从玻璃盘中移出倒在机器中搅动，搅碎后加入酒精，大约放置一个礼拜，香味就几乎转移到了酒精中，再将这些酒精收集起来，便形成了香水的雏形，剩下的脂肪可以加工成香膏。

用这种方法可以制作出各种味道的香水，并可以将其中的几种香精混合起来，在密封避光的地方保存 1 年左右，几种不同的香味就会变得和谐而稳定起来。这个储存时间不能缩短，否则质量就得不到保证。在制作香水的过程中，最重要的一步是加入稳定剂，它能够使酒精减少挥发，在一段相当长的时间内保持香味，在古代的时候，人们就开始用香猫香、麝香与龙涎香这三种昂贵的原料来作为稳定剂，直到现在，这三种定性剂仍然是很优秀、常用的香水配制原料。

十、神奇有趣的动物

从40亿年前，最低等的菌类出现，到今天活跃的150多万种动物，动物王国于这温和美丽的星球上经历了无数次的分化变迁、优胜劣汰。它们终于战胜了自然的种种严峻考验，使赤道两极、雪山到谷地、大陆到海域无不遍布着自己的足迹。它们或漫游海底、或奔跑如飞、或翱翔天际，均以其各具特色的完美进化，共同演绎了这个世界的多姿多彩与盎然生机。

下面就让我们通过一些好玩的游戏一起认识动物王国中神奇有趣的几名成员！

1. 嚼个不停的牛

动手做一做

先让我们去看看正在休息的牛，你会发现，它总是在不厌其烦地咀嚼。下面我们来做一个小小的观察实验。

我们可以到菜市场买一个完整的牛胃回家，然后找一把小刀，将牛胃轻轻地沿着中间划开，你看到了吗？牛的胃具有四个胃腔！

游戏中的科学

原来，牛在进化的过程中，遇到的天敌很多，就迫使它待在野外觅食的时间缩得越来越短，所以，它在食草时不可能细嚼慢咽，而是将有限的食物先尽量地储存到胃里，到达安全的地方后，再重新将食物吐回嘴中细细地咀嚼一遍。牛的这种功能，正是得益于它有四个胃，能将没有嚼碎的食物储存在胃里，等到休息时，再把没有完全嚼碎的食物继续咀嚼，然后吞进胃里进行再次消化，这种现象为反刍现象。除了牛，羊也具有这种功能。

科学小知识

反刍动物

反刍是指进食经过一段时间以后将半消化的食物返回嘴里再次咀嚼。反刍动物就是有反刍现象的动物，通常是一些草食动物，因为植物的纤维是比较难消化的。

反刍动物属哺乳纲，偶蹄目，反刍亚目，如骆驼、鹿、长颈鹿、羊驼、羚羊、牛、羊等。由于这类动物都具有复杂的反刍胃，能反刍食物，故称反刍动物。

反刍动物的消化分两个阶段：首先咀嚼原料吞入胃中，经过一段时间以后将半消化的食物反刍再次咀嚼。反刍动物在解剖学的共同特征是均为偶蹄类。

反刍动物的胃分为四个胃室，分别为瘤胃、网胃、重瓣胃和皱胃。前两个胃室（瘤胃和网胃）将食物和胆汁混合，特别是使用共生细菌将纤维素分解为葡萄糖。然后食物反刍，经缓慢咀嚼以充分混合，进一步分解纤维。然后重新吞咽，经过瘤胃到重瓣胃，进行脱水。然后送到皱胃。最后送入小肠进行吸收。

2. 知晓天气的乌龟

动手做一做

笨笨的乌龟也能预报天气，这是不是很奇妙呢？

买回一只小乌龟，在容器里养着，每天观察它的龟壳的干湿程度，并做记录，同时，将当天的天气情况也记录在案。一段时间后，你会很惊讶地发现：当乌龟的背部变得潮湿的时候，往往没过一会儿，天就开始下雨了。

游戏中的科学

这是因为龟身贴地，龟背光滑阴凉，当暖湿空气移来时，会在龟背冷却凝结出现水珠，天将下雨，反之空气干燥，暂不会下雨。

当然，具有这样神奇功能的动物还有很多，你可以去观察一头猪，如果发现它在上午叼草，就预示着36小时后有雨，而过午叼草，就预示着20小时后有雨。这是因为猪的鼻、嘴部无毛，直接接触空气，天气稍有变化便把嘴巴伸入草中，母猪的反映更为敏感。所以，见到猪衔草，就是雷雨即将来临的预兆。假如你家的鸡迟迟不肯上架，只在地面走动，觅食，还时不时地抖动羽毛，这也预示着将要下雨。鸡没有汗腺和皮脂腺，由于缺乏散热本领，十分怕热。成鸡以20℃为宜，超过30℃常张口、伸翅以助散热。在炎夏的傍晚，鸡窝内更加闷热，因此发现鸡迟迟不想进窝，这就是雷雨即将到来的预兆。

3. 发光的萤火虫

动手做一做

夏天的黄昏，人们常常可以看到，萤火虫三三两两在树丛中、小河边，飞来飞去，时隐时现。那绿色的幽光，忽上忽下，忽快忽慢，闪烁飘动，仿佛天上掉下来的星星。萤火虫为什么会发光呢？我们先来做一个实验。

抓一只萤火虫，用小刀将它的肚子拉开，你会发现有一股粉末状的物质流出，这是一种称作虫荧光酶的化学物质，当它与氧气相互作用后，就会产生光亮。

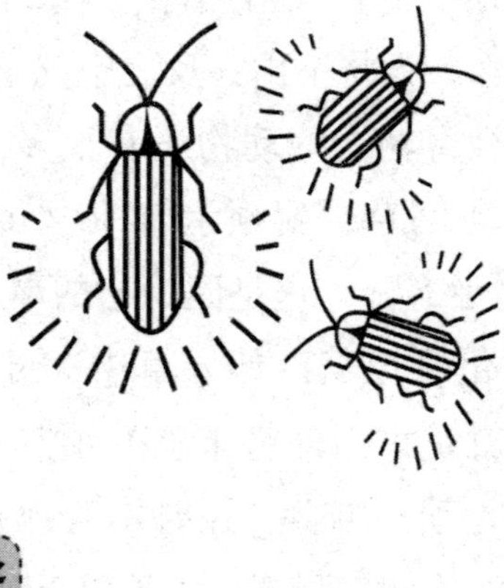

游戏中的科学

萤火虫的光有的黄绿，有的橙红，亮度也各不相同。它们发光的部分是在腹部最后两节。这两节在白天是灰白色，在黑夜才能发出光亮。光是通过透明的表皮而发出。表皮下面是一些能发光的细胞。发光细胞的下面是另一些能发射光线的细胞，其中充满着小颗粒，称为线粒体。线粒体能把身体里所吸收的养分氧化，合成某种含有能量的物质。发光细胞还含有两种特别的成分：一种叫做荧光素，另一种叫做荧光酶。荧光素和含能量的物质结合，在有氧气时，受荧光酶的催化作用，使化学能转化为光能，于是产生光亮。萤火虫常常一闪一闪地发光，是因为它能控制对发光细胞的氧气供应的缘故。

萤火虫发光的目的，除了要照明之外，还有求偶、警戒、诱捕等用途，也是它们的一种沟通的工具，不同种类萤火虫的发光方式、发光频率及颜色也会不同，它们借此来传达不同的信息。美国佛罗里达大学动物学家劳德埃发现，同一种雄萤和雌萤之间能用闪光互相联络。有一种雌萤会按很精确的时间间隔，发出“亮—灭—亮—灭”的信号，这是告诉雄萤：“我在这里。”雄萤得知这个信号后，就会用“亮—灭、亮—灭”的闪光回答：“我来了！”并向雌萤飞去。它们用这种“闪光语言”继续保持联系，直到雌雄相会。

在掌握了萤火虫的这种通讯方式以后，有的科学家开始用电子计算机模仿萤火虫的应答反应，来与这种昆虫“通话”，一旦获得成功，人们就可以指挥萤火虫的行动了。

4. 认路的蚂蚁

动手做一做

春天来到的时候，小蚂蚁便开始活动了，它们是群居生物。在晴暖的天气里，它们有时会外出很远寻找食物。要知道，从很远的地方回到自己的家可不是一件简单的事，但是小小的蚂蚁却不会迷路，蚂蚁是怎么认路的呢？让我们通过实验来验证一下。

轻轻地捉回一只蚂蚁，把它放到离它家 2 米远的地方，仔细观察蚂蚁，你会发现，用不了多久，蚂蚁回到了自己的家。这是为什么呢？

游戏中的科学

原来，蚂蚁的视觉非常敏锐，不但陆地上的景物会被蚂蚁用来认路，而且太阳的位置和蓝天上照射下来的日光，都能被蚂蚁用来辨认回巢的方向。此外，除了依靠眼睛，蚂蚁还能根据气味认路。有些蚂蚁在它们爬过的地上留下一种气味，在返回时只要寻着这种气味，就不会误入歧途。也有的蚂蚁虽然不会在爬过的路上留下什么特殊的气味，但是它们能熟记往返道路上的天然气味，所以也不会迷路。由于蚂蚁具有上述认路的本领，即使天空中浓云密布，或是地面上的气味被破坏的时候，只要还保留一些可以利用的线索，它们仍旧会找回蚁巢，只不过多走一些弯路而已。

趣味阅读

“胆小”的蚂蚁

我们通常认为蚂蚁的胆子比较小，也经常利用蚂蚁的这些特点和蚂蚁开一些小小的玩笑。在蚂蚁洞口看见一只蚂蚁，对着蚂蚁呼气，耐心地观察一会儿就会发现蚂蚁开始惊恐不安起来了。而且不一会儿的工夫，你会发现一群蚂蚁惊恐不安地在洞口来回爬动。

两分钟之后，停止对蚂蚁呼气，我们会发现蚂蚁又迅速地恢复了正常的活动。重复几次这样的游戏，蚂蚁的表现都是一样的。

为什么重复多次同样的事情，蚂蚁的表现却一样呢？蚂蚁的胆子真的小到这种程度吗？其实，蚂蚁之所以如此是因为它们的触觉非常灵敏，当我们对它们呼气的时候，人体排出的二氧化碳会对蚂蚁造成一定的威胁。于是，它们就用一种特殊的方式互相传递这种信号，其他的蚂蚁收到这种信号后就会感到惊恐不安。而当我们停止对其呼气的时候，蚂蚁的这种感觉就消失了，自然也就不会感到惊恐而四处逃窜了。

5. 可爱的小兔子

动手做一做

你养过小兔子吗？下面让我们来观察一下可爱的小兔子吧。

找来一只兔子，将它放入一间空旷而安静的屋里，然后你躲在一个远远的角落里观察它，但不要让它发现你。轻轻地用手指在地上划几下，兔子就会马上竖起它那长长的耳朵，并朝你躲藏的方向看，这时，你只要稍稍将动静弄大一些，它就会迅速地逃开。

兔子为什么会有如此灵敏的听觉呢？

游戏中的科学

其实，这得益于它的一对长长的耳朵。它的耳朵中有许多血管，当耳朵周围的空气流动时，温暖血液的温度就会有所下降，这样它就会感觉到声音的来源，它的这一功能还可以帮助兔子调整其体内的温度。

现在，将一小碟水、一些胡萝卜或其他青菜叶子放在它前面，悄悄地观察一下，看看它有什么反应。你会发现，小兔子只对胡萝卜和青菜感兴趣，而对于水，它似乎根本就不屑一顾。

人人都说水是生命的一部分，兔子不喝水，它怎么补充水分的呢？兔子不喜欢喝水与它的消化器官的特点有密切联系。兔子体内所需要的水分大都依靠食物提供，它爱吃青菜和青草，这里面都含有相当量的水分。在一般情况下，这些水分已足够了。兔子的胃生得比较娇嫩，负担不了过多的水分，如果喝的水过多，容易引起肠胃炎而拉稀，不及时治疗还可能导致死亡。当兔子体内的水分缺乏时，它会感到渴，也要喝水，但是水的温度不能太低，冬天不能低于12℃，不然的话也会拉稀。

6. 行走在刀刃上的蜗牛

动手做一做

蜗牛有一个坚硬的壳，但是身体却非常柔软。因此，很多人拿蜗牛的时候都是小心翼翼地捏着。如果让你把蜗牛放到刀刃上，或许你会说这是在谋杀！可是你知道吗？其实蜗牛是可以安然无恙地在刀刃上爬行的，即使是那种刮脸的薄薄的刀片都没有什么问题。

找来一把小刀，将刀刃朝上固定住，将蜗牛放在刀刃上进行观察。静止地待上几分钟后，蜗牛伸出了触角，便开始沿着刀刃爬行了。让我们一起来观察蜗牛的行走吧：当蜗牛行走的时候，其走过的地方会有一道痕迹，同时还能观察到其正以均匀的速度向前移动着，它们经过肌肉的波浪形收缩而向前移动，足的后部向前拉，而前部则向前走。

为什么蜗牛不怕“碎尸万段”呢？

游戏中的科学

这是因为蜗牛的脚上有很多腺体，它们能向外排泄一种黏液。而实际上，蜗牛在爬行的过程中并不是用身子在行走，而是在黏液中滑动前进。无论爬到哪儿，蜗牛都是在地毯上爬行，这地毯是它自己铺的——一条黏液的地毯。所以，不管让蜗牛在多么锋利的刀片上行走，蜗牛都不会受到任何的伤害！

超级链接

蜗牛出壳啦

当你想和蜗牛一起做游戏的时候，它却躲在壳里不出来，有什么好办法吗？找两个盆，一大一小，首先将蜗牛放在小的盆中，并在蜗牛的身上洒上温水，再拿来大点的盆，然后在大点的盆中倒上开水，但是不要太多，把小号的盆放入大盆中，盆底与水面间隔几厘米为宜，接着你会发现，蜗牛慢慢地出壳了！这是因为蜗牛需要一定合适的温度和湿度才能出壳活动，因此我们可以根据蜗牛的这个特点人为地控制蜗牛的活动。

7. 跳出鱼缸的鱼

动手做一做

爱养鱼的人都知道，也不知道是因为什么，鱼老爱向鱼缸外跳。

采取了很多措施都没有什么用，最后只好在鱼缸上盖一个玻璃，这样鱼不管怎么跳都不会跳出鱼缸了。

我们先来做这样一个游戏，将鱼缸的周围涂上颜色，发现鱼不再跳了。

游戏中的科学

关于其中的道理，有人如此解释：被困在鱼缸里的鱼，透过透明的鱼缸向外看，总觉得外面透明的空气就是水，它们觉得外面的水比鱼缸里的更清澈，因此它们才想跳出来的。而当我们把鱼缸涂抹上颜色后，透明的鱼缸就变成了不透明的，因此它们就不会再看见外面的空气，就不会想着外面的“水”更清澈了，自然也不会再有跳出鱼缸的想法了。

然而也有人发现，在给鱼缸涂抹了颜色之后，鱼是好了一段时间了。但是却还是会有跳出鱼缸的行为，只是相对少了一些。其实，关于鱼跳出鱼缸的说法除了以上的一种解释之外，还有几种说法。一是原始鱼的天性，它们用这种方法跳出牢笼。还有些鱼向外跳是因为鱼缸内有大鱼，它们是为了躲避追食或争斗的。另有一种解释为鱼的求偶期到了，它们用这种方式来炫耀自己的力量。

趣味阅读

溺死在水中的鱼

鱼有鳃，可以在水中呼吸，鱼有鳔，可以在水中自由地沉浮。可是，有人说生活在水中的鱼也会溺死，这是真的吗？

虽然这听起来很荒谬，但却是事实。鱼鳔是鱼游泳时的“救生圈”，它可以通过充气和放气来调节鱼体的比重。这样，鱼在游动时只需要最小的肌肉活动，便能在水中保持不沉不浮的稳定状态。不过，当鱼下沉到一定水深（即“临界深度”）后，外界巨大的压力会使它无法再调节鳔的体积。这时，它受到的浮力小于自身的重力，于是就不由自主地向水底沉去，再也浮不起来了，并最终因无法呼吸而溺死。虽然，鱼还可以通过摆动鳍和尾往上浮，可是如果沉得太深的话，这样做也无济于事。

另一方面，生活在深海的鱼类，由于它们的骨骼能承受很大的压力，所以它们可以在深水中自由地生活。如果我们把生活在深海中的鱼快速弄到“临界深度”以上，由于它身体内部的压力无法与外界较小的压力达到平衡，因此它就会不断地“膨胀”直至浮到水面上。有时，它甚至会把内脏吐出来，“炸裂”而死。

8. 只跑直线的傻羊

动手做一做

和可爱的绵羊一起做个游戏：将一只绵羊牵到自己身旁，然后想办法吓唬它，追赶它，结果发现绵羊大都会沿一条直线奔跑。这是为什么呢？

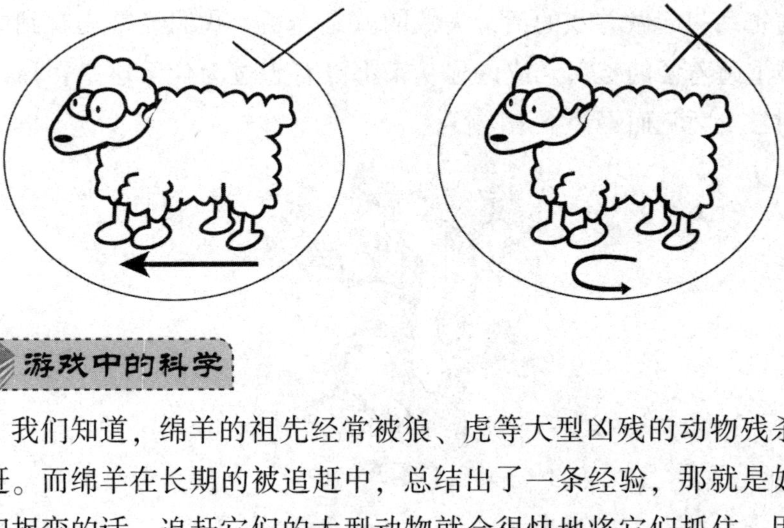

游戏中的科学

我们知道，绵羊的祖先经常被狼、虎等大型凶残的动物残杀和追赶。而绵羊在长期的被追赶中，总结出了一条经验，那就是如果它们拐弯的话，追赶它们的大型动物就会很快地将它们抓住，因为那些大型动物能迅速找到更便捷的途径截住它们，此时它们将被攻击而没有退路。

相对于绵羊来讲，兔子就有所不同，兔子是很擅长拐弯的。这是野兔最早采取的一种逃生手段，比如当猎人逐渐靠近自己，向上扑的时候，野兔会机灵地向侧面一个急转，使猎人扑个空，凑巧了还会使猎人再紧跟着栽个跟头，兔子就逃跑了。可见，动物的很多天性是跟其长期的生活习惯有关的。

9. 站着睡觉的鸟

动手做一做

找一个好朋友，和他一起做个游戏，看看谁能坐着睡着而不歪斜身子。或许这个游戏中，你们谁都不会是最后的赢家，但是如果你与雀鸟一起做游戏的话，失败的就是你了。我们经常能看到站在树枝上睡着了的雀鸟。或许你从来都没有想过为什么这些雀鸟能站在树枝上睡觉而不掉下来呢？

游戏中的科学

从身体结构上看，雀鸟脚跟上的肌腱长得非常之巧妙，它们从大腿长出的屈肌腱向下延伸，经过膝，再至脚，一直绕过踝关节，直达各个趾爪的下面。它们拥有如此肌腱，其实也就是意味着在休息的时候，身体放松时其身体的重量足以使它们自然屈膝蹲下，拉紧肌腱，于是趾爪收拢，紧紧抓住树枝，这种情况下，即使它们睡着了，也还是可以站在树枝上而不掉下来。

除此之外，有些鸟还能站在地上，只用一只脚撑地来睡眠，这也是因为其爪子的独特功能所在。还有一个原因，那就是鸟的睡眠和人类的有所不同。鸟的睡眠通常是一连串短暂的睡眠，最为有趣的是雨燕在飞翔的时候也是可以睡着的。

趣味阅读

马为什么站着睡觉

马四肢健壮，善于奔跑。所以，马中的佼佼者有千里马之称。但是马有于其他家畜不同的特性，夜里无论什么时候去看它，它始终站立着，闭着眼睡觉。这是为什么呢？

家养的马都是由野马驯化而来的，它站着睡是继承了野马的生活习性。生活在复杂的自然环境中的动物都有特定的睡觉姿势，这是它们在激烈的自然界生存竞争中形成的睡眠习惯。野马是生活在草原上的食草动物，经常受到食肉猛兽的威胁，随时都有被吃掉的危险，因此，它们睡觉从不躺下，而是像白天那样扬着头站着，闭上眼睛睡觉。这样的睡觉姿势，具有防御敌害、逃跑方便、警戒及时、保证安全等作用。马一次奔波以后，站在树荫下休息的时候，低头闭眼就可以打一次“瞌睡”。如果马预先知道没有什么危险，那么它就把头搭在背上睡觉。和母马在一起的小马驹以及群体生活的马，就是用这个姿势安心入睡的。

十一、妙趣横生的数字

我们生活在一个数字时代，生活中处处离不开数字。数字看起来平凡无奇，实际上，从数字诞生之日起，它的无穷魅力就让全世界的数学家及数学爱好者们着迷。只要留心，你就会发现数字蕴涵着无穷魅力。在这一章里，我们精选了一些引人入胜的数字趣题，通过和大家一起探究学习，赋予数字以生命，你会发现枯燥的数字变得生动有趣啦。

1. 数学魔术

动脑想一想

魔术师背朝观众，请观众在纸上随意写下两个数字，再把这两个相加，得到第三数，把第二、第三个数相加，得到第四个数，把第三、第四个数相加，得到第五个数……以此类推，写满十个数为止。例如，观众开始写下的是8和5，就得到这十个数：8、5、13、18、31、49、80、129、209、338。魔术师请观众把这十个数给他看一下。他的目光只在这十个数上一扫，立刻报出这十个数相加的总和等于880，他怎么算得这样快？这里面有个秘密，如果你掌握了这一秘密，你也可以表演这套魔术了。

游戏中的科学

其实，按魔术师的要求写下的是一个数列，即著名的斐波那契数列。这一数列有一个奇妙的特点，前十项的和等于第七项的11倍。因此，只要把第七项（上例中的80）乘以11，就能得出这个数的和。

趣味阅读

奇妙的斐波那契数列

“斐波那契数列”的发明者，是意大利数学家列昂纳多·斐波那契（Leonardo Fibonacci，生于公元1170年，卒于1240年，籍贯大概是比萨）。他被人称作“比萨的列昂纳多”。1202年，他撰写了《珠算原理》（Liber Abaci）一书。他是第一个研究了印度和阿拉伯数学理论的欧洲人。他的父亲被比萨的一家商业团体聘任为外交领事，派驻地点相当于今日的阿尔及利亚地区，列昂纳多因此得以在一个阿拉伯老师的指导下研究数学。他还曾在埃及、叙利亚、希腊、西西里和普罗旺斯研究数学。

斐波那契数列指的是这样一个数列：1、1、2、3、5、8、13、21、……

这个数列从第三项开始，每一项都等于前两项之和。它的通项公式为：(1/√5) * {[(1+√5)/2]^n - [(1-√5)/2]^n}(又叫“比内公式”，是用无理数表示有理数的一个范例。)(√5表示根号5)

有趣的是：这样一个完全是自然数的数列，通项公式居然是用无理数来表达的。随着数列项数的增加，前一项与后一项之比越来越逼近黄金分割的数值0.6180339887……

从第二项开始，每个奇数项的平方都比前后两项之积多1，每个偶数项的平方都比前后两项之积少1。(注：奇数项和偶数项是指项数的奇偶，而并不是指数列的数字本身的奇偶，比如第五项的平方比前后两项之积多1，第四项的平方比前后两项之积少1)

如果你看到有这样一个题目：某人把一个8×8的方格切成四块，拼成一个5×13的长方形，故作惊讶地问你：为什么64=65？其实就是利用了斐波那契数列的这个性质：5、8、13正是数列中相邻的三项，事实上前后两块的面积确实差1，只不过后面那个图中有一条细长的狭缝，一般人不容易注意到。

2. 一元钱哪去了

动脑想一想

3 个人上饭店吃饭，吃完饭看账单是 30，他们就一人掏十元，共 30，服务员交到老板那，老板认识他们就退给他们 5 元，但是服务员贪污了 2 元，退他们每人 1 元，这样他们就每人花了 9 元。3 × 9 是 27，再加上服务员贪污的 2 元，共计 29 元。那么他们少的 1 元钱哪去了？

游戏中的科学

是不是觉得很棘手？其实，这个题用错误的提问混淆了你的思路。服务员贪污的 2 元是在三个人付出的 27 元之中，应从中减掉，而不是加上去。实际上这笔账很简单：三个人付了 27 元钱，其中饭馆收 25 元，服务员贪污 2 元。

3. 15 点游戏

动脑想一想

乡村庙会开始了。今年搞了一种叫做“15 点”的游戏。主持人说：“来吧，老乡们。规则很简单，我们只要把硬币轮流放在 1 到 9

这个数字上，谁先放都一样。你们放镍币，我放银圆，谁首先把加起来为 15 的三个不同数字盖住，那么桌上的钱就全数归他。”

我们先看一下游戏的过程：某妇人先放，她把镍币放在 7 上，因为将 7 盖住，他人就不可再放了。其他一些数字也是如此。主持人把一块银圆放在 8 上。妇人第二次把镍币放在 2 上，这样她以为下一轮再用一枚镍币放在 6 上就可加为 15，于是她以为就可赢了。但主持人第二次把银圆放在 6 上，堵住了妇人的路。现在，他只要在下一轮把银圆放在 1 上就可获胜了。妇人看到这一威胁，便把镍币放在 1 上。主持人下一轮笑嘻嘻地把银圆放到了 4 上。妇人看到他下次放到 5 上便可赢了，就不得不再次堵住他的路，她把一枚镍币放在 5 上。但是主持人却把银圆放在 3 上，因为 $8+4+3=15$，所以他赢了。可怜的妇人输掉了这 4 枚镍币。该镇的镇长先生被这种游戏所迷住，他断定是主持人用了一种秘密的方法，使他比赛时怎么也不会输掉，除非他不想赢。

镇长彻夜未眠，想研究出这一秘密的方法。突然他从床上跳了下来，“啊哈！我早知道那人有个秘密方法，我现在晓得他是怎么干的了。真的，顾客是没有办法赢的。”

这位镇长找到了什么窍门？你或许能发现怎么同朋友们玩这种“15 点”游戏而不会输一盘。

游戏中的科学

其实，“15 点”游戏的诀窍在于它在数学上是等价于“井”字游戏的，该等价关系是在著名的 3×3 魔方的基础上建立的。要了解这种魔方的妙处，须先列出其和均等于 15 的所有三个数字的组合（不能使两个数字相同，不能有 0）。这样的组合只有只有八组：$1+5+9=15$，$1+6+8=15$，$2+4+9=15$，$2+5+8=15$，$2+6+7=15$，$3+4+8=15$，$3+5+7=15$，$4+5+6=15$. 现在我们仔细观察一下这个独特的3 ×3 魔方：

294

753

618

应当注意的是，这里有八组元素，八组都在八条直线上：三行、三列、两条主对角线。每条直线等同于八组三个数字（它们加起来是15）中的一组。因此，在比赛游戏中每组获胜的三个数字，都由某一行、某一列或某条对角线在方阵上代表着。

很明显，每一次游戏与在方阵上玩的“井”字游戏有相同道理的。那个主持人在一张卡片上画上幻方图，把它放在游戏台下面，只有他能看到（别人是无法看到的）。只有一种位置的幻方图结构，但是它可以旋转出四种不同的组合形式，而每一种形式可通过反射，又产生出另外四种形式，共八种形式。在玩这种游戏时，这八种形式中的每一种都可用作秘诀，效果都是一样的。

在进行这“15 点”游戏时，主持人暗自在玩卡片画上的“井”字游戏。玩这种游戏是决不会输的，假如双方都正确无误地进行，最后就会出现和局。然而，参加游艺比赛的人总是处于不利的地位，因为他们没有掌握“井”字游戏的秘诀。因此，主持人很容易设置埋伏，使其必然获胜。

4. 神奇数表

动脑想一想

汤姆画了五张表，如下所示。然后对汉斯说：“你心里想一个数，这个数不能超过 31，并请你指出，你想的这个数，都在哪个表中有，那么我就知道你想的数是多少？”

汉斯随后说：“我想了一个数，在表 A、B、D 中有这个数，你说我想的是什么？”汤姆看了看表，随口说出：“你想的这个数是 11。”汉斯说：“对啊！这个表你是怎么制出来的呢？”

A

1	9	17	25
3	11	19	27
5	13	21	29
7	15	23	31

B

2	10	18	26
3	11	19	27
6	14	22	30
2	15	23	31

C

4	12	20	28
5	13	21	29
6	14	22	30
7	15	23	31

D

8	12	24	28
9	13	25	29
10	14	26	30
11	15	27	31

E

16	20	24	28
17	21	25	29
18	22	26	30
19	23	27	31

游戏中的科学

原来，汉斯说他想的数在 A、B、D 表中有，而这些表的左上角的数分别是1、2、8，将这三个数加起来是11，这样就得到了亨利心中想的数，为什么呢？这是因为表是把1～31的数，变成以2^n表示，列如$11=2^0+2^1+2^3=1+2+8$。将一个数由10进制改成2进制。对含有2^0（=1）的项放在A表，含有2^1（=2）的项放在B表，含有2^2（=4）的项放在C表，含有2^3（=8）的项放在D表，含有2^4（=16）的项放在E表，这样就造出了此表。

5. 永远都是4

动脑想一想

在和数学相关的游戏中，往往最容易陷入的是一个数字的圈套。有时候我们也会为这些无论怎样结果都是一个固定数字的游戏感到神奇，这里我们就要开始这样一个游戏了。

首先想出一个数字，然后用笔写下它，再用英语将这个数字翻译一下。将翻译好的英文字母个数数出来，用笔记下。然后将这个英文字母个数的阿拉伯数字翻译成英文，再将这个数字记下来，然后翻译出来，再将翻译出来的英文字母记下来。这个时候你会发现无论你一开始给出的阿拉伯数字是几，当你的数字数值与其所对应的字母个数一致的时候，你最终得到的答案都是4。

是不是很神奇呢？

游戏中的科学

这是因为4是英语中唯一的一个字母数字与其数值相等的数字。以8（eight）为例，它的字母个数是5；再写出5的英语单词five，它的字母个数是4，再写出4的英语单词four，它的个数是4，其数值与所对应的字母个数就一致了。你可以再从其他数字开始，结果仍然一样。因此，无论你从哪个数字开始，最终的结果都是4！

6. 对折9次以上的纸

动脑想一想

我们这个游戏是非常简单的，要求也非常简单。就是你找一张纸，不管什么样的纸都可以。只要你能将这张纸对折9次就行，每次折纸的时候，要整齐地对折，可以把纸横折、竖折，也可以对角折。你能把一张纸折9次以上吗？

此时你会发现，在折纸的时候，第1次纸折成2层；第2次，纸折成4层；第3次，纸折成了8层。连续不断地折下去，纸的层数也不断地增加。当你折到第7次时，纸成了128层，这就好像你在折一本书了。要想折9次以上实际上是做不到的。

游戏中的科学

其实，这是一个几何级数的问题。纸张在不断地对折时其承受力也在不断地增长，因此当对折到第7层的时候就变成了类似128页的一本书了，试想等对折到第9次的时候又该多厚？所以，你很难将任何一张纸对折到9次以上。

7. 奇妙的三位数

动脑想一想

用笔在纸上任意写上一个三位数，再在它的后面续写上这个三位数，使它变成六位数。接着将这个六位数除以 7，所得的商再除以 11，然后将所得的商再除以 13，发现什么了吗？结果竟然就是刚开始写的三位数。

好玩吧？好学的你一定感到奇怪，是不是？再试试？不用徒劳，结果还是如此。

游戏中的科学

其实道理很简单：三位数的三个数字重复成六位数，就等于把这个三位数乘以 1001，而 $1001 = 7 \times 11 \times 13$，所以才会出现把这六位数再除以 7，11，13，结果仍然是原来的三位数这样的现象。

8. 神奇的日历

动脑想一想

平常的日历也可以玩出神奇哦！要不要试试？

让你的朋友从日历中随便挑选出一个月份，然后让他在日历上画一个正方形，这个正方形内要包含9个数字；请你的朋友把这个9个数字相加，但是不要告诉你结果，只把9个数字中最小的那个数告诉你，这时候你暗暗地在最小的数字上面加上8（不要让你的朋友知道），然后再把相加结果乘以9；结果发现，你最后得出的数字和你的朋友得出的数字是一样的。

游戏中的科学

其实，在日历上挑选的9个数字，它们的组合形式是一种幻方。幻方是一种数字排列方式，幻方中任何一列，对角线上的数字，相加结果都是相同的。

趣味阅读

什么是幻方

在一个由若干个排列整齐的数组成的正方形中，图中任意一横行、一纵行及对角线的几个数之和都相等，具有这种性质的图表，称为“幻方”。

关于幻方的起源，我国有“河图”和“洛书”之说。相传在远古时期，伏羲氏取得天下，把国家治理得井井有条，感动了上天，于是黄河中跃出一匹龙马，背上驮着一张图，作为礼物献给他，这就是“河图”，也是最早的幻方。伏羲氏凭借着“河图”而演绎出了八卦，后来大禹治洪水时，洛水中浮出一只大乌龟，它的背上有图有字，人们称之为“洛书”。“洛书”所画的图中共有黑、白圆圈45个。把这些连在一起的小圆和数目表示出来，得到九个。这九个数就可以组成一个纵横图，人们把由九个数3行3列的幻方称为3

阶幻方，除此之外，还有4阶、5阶……

9. 袋子里的橘子

动脑想一想

一个炊事班长出去采购，他把买来的100个橘子分装在6个大小不一的袋子里，每只袋子里所装的橘子数都是含有数字6的数，请你想一想，他在每只袋子里各装了多少个橘子？

游戏中的科学

答案是分别装了60，16，6，6，6，6个橘子，因为把100个橘子分装在6个袋子里，100的个位是0，所以6个数的个位不能都是6，只能有5个6，即$5\times6=30$，又因为6个数的十位数的数字和不能大于10，所以十位上最多有一个6，而个位照上面的分法已占云了30个橘子，所以目前十位上的数字的和是不能大于7，也只能有一个6，就是60个橘子。这样十位上还差1，把它补进去出现一个16，即装进去的橘子数为60，16，6，6，6，6。

10. 狐狸猜数

动脑想一想

森林之王老虎知道狐狸狐假虎威的欺人伎俩之后，咆哮着要找狐狸算账。狐狸眼看无路可逃，便把胸脯一挺，对老虎说：“你不要轻举妄动哦！我可是有法力的。我能猜得出你心里想的任何数字。”老虎不信，狐狸便说：“你用5乘你心里想的那个数，再乘15，再除以3，再乘4，把得数告诉我。”老虎半信半疑地说：“得数是1400。”狐狸说：“你心里想的数是14，对吧？”老虎一听，大惊失色，吓得一溜烟跑了。你知道狐狸是怎么猜出来的吗？

游戏中的科学

原来，$5\times15\div3\times4=100$，狐狸绕了许多圈子，其实是为了迷惑老虎。他将得数后面的两个0去掉，就得出了对方心里想的那个数。

十二、引人入胜的推理游戏

推理游戏是一种思维游戏，通过思维游戏，人们的各种能力都能够以最轻松多样的方式得到训练和提升，比如它能训练我们对细节观察的敏锐度，能让我们在追踪事情的前因后果中理清思路、准确判断，还能使我们的潜能得到极大的开发……下面，就让我们在以下的推理游戏中，轻轻松松长智慧！

1. 黑帽子

动脑想一想

一群人开舞会，每人头上都戴着一顶帽子。帽子只有黑白两种，黑的至少有一顶。每个人都能看到其他人帽子的颜色，却看不到自己的。主持人先让大家看看别人头上戴的是什么帽子，然后关灯，如果有人认为自己戴的是黑帽子，就打自己一个耳光。

第一次关灯，没有声音。于是再开灯，大家再看一遍，关灯时仍然鸦雀无声。一直到第三次关灯，才有劈劈啪啪打耳光的声音响起。那么你知道究竟有多少人戴着黑帽子吗？

游戏中的科学

假如只有一个人戴黑帽子，那他看到所有人都戴白帽，在第一次关灯时就应自打耳光，所以应该不止一个人戴黑帽子；如果有两顶黑帽子，第一次两人都只看到对方头上的黑帽子，不敢确定自己的颜色，但到第二次关灯，这两人应该明白，如果自己戴着白帽，那对方早在上一次就应打耳光了，因此自己戴的也是黑帽子，于是也会有耳光声响起；可事实是第三次才响起了耳光声，说明全场不止两顶黑帽，依此类推，应该是关了几次灯，就有几顶黑帽。

2. 过桥

动脑想一想

一个四人合唱团得在17分钟内得赶到演唱会场，途中必需跨过一座桥，四个人从桥的同一端出发，你得帮助他们到达另一端，天色很暗，而他们只有一只手电筒。一次同时最多可以有两人一起过桥，而过桥的时候必须持有手电筒，所以就得有人把手电筒带来带去，来回桥两端。手电筒是不能用丢的方式来传递的。

四个人的步行速度各不同，若两人同行则以较慢者的速度为准。第一人需花1分钟过桥，第二人需花2分钟过桥，第三人则需花5分钟过桥，第四人需花10分钟过桥。

那么，想一想，他们要如何在17分钟内过桥呢？

游戏中的科学

第一人和第二人先过去，记2分钟，回来1分钟，第三人和第四人后过去，记10分钟，2分钟回来，然后第一人和第二人一起过去，记2分钟，所以是2+1+10+2+2=17分钟。

3. 谁是第一名

动脑想一想

田径运动会上，由 ABCD 四个组决赛前 4 名。甲乙丙丁四位观众作了如下预测。

甲：A 组第四名

乙：B 组不是第二名，也不是第四名

丙：C 组名次高于 B 组

丁：D 组第一名

决赛结果表明，四人预测中，只有一人的预测错误。那么第一名是哪个组？

游戏中的科学

因为四个人中，只有一人预测错误，所以可以假设四人中的某个人错误，再推下去，看有无矛盾出来，如果矛盾了，说明假设错误。再假设另一个错误，依次下去。

(1) 先假设甲说的错误。则其余三人一定是正确的。先根据乙说的：“B 组不是第二名，也不是第四名”，可以推断 B 组应该是第一或第三。再根据丁说的“D 组第一名”，可以推断 B 组只能是第三。又根据丙说的“C 组名次高于 B 组”可以推断 C 组一定是第二或第一，而第一又被 D 组占了，所以 C 组只能是第二。而前三名都被 D、C、B 占据了，所以 A 一定是第四名。所以甲说的应该是对的。但我们的假设是甲说的错误，这样就自相矛盾了。所以假设不成立。

（2）其次假设乙说的错误，那么其余三人就一定是对的了。首先根据丁说的“D组第一名”，再结合甲说的：“A组第四名”可知C一定是二、三名中的一个。再根据丙说的：“C组名次高于B组”，那么一定是C组第二，B组第三。但是这样的话乙说的“B组不是第二名，也不是第四名”就是正确的了，而我们的假设是乙说的是错误的。这样又自相矛盾了。

（3）再次假设丙说的是错误的。那么其余三人肯定是对的。根据丁说的“D组第一名”，再结合甲说的：“A组第四名”可知B组一定是二、三名中的一个。再根据乙说的：“B组不是第二名，也不是第四名”，所以肯定B组是第三。这样推出来是D第一、B第三、A第四。那么C组一定是第二。这样丙说的：“C组名次高于B组”就是对的。而我们最初的假设是丙说的是错的。这时又出现了自相矛盾的情况。

（4）现在只能假设丁说的是错误的了。那么另三人一定是对的。甲说：“A组第四名”。那么另三人就一定是前三名。再根据乙说的：“B组不是第二名，也不是第四名”，可以推断B组应该是第一或第三。又因为丙说“C组名次高于B组”，所以只能是B组第三。因为A组第四、C组第三可以肯定，所以第一只能在B、D中产生。又因为丁说的“D组是第一名”是错误的，所以第一名只能是C组。至此，分析才算完毕。

4. 谁是贼

动脑想一想

有一个珠宝店发生了一起盗窃案，被盗走了许多贵重的珠宝。经过几个月的侦查，查明作案的人肯定是 ABCD 中的一个。把这 4 个人当做重大嫌疑犯进行审讯，这 4 个人有这样的口供：

A：珠宝店被盗那天，我在别的城市，我不可能作案。

B：D 是罪犯。

C：B 是盗窃犯，他曾在黑市上卖珠宝。

D：B 与我有仇，陷害我。

因为口供不一致，无法判断谁是罪犯，经过进一步调查知道，这 4 个人只有一个人说的是真话。那么，想一想罪犯是谁？

游戏中的科学

这类题在低年级阶段最好是假设是某人盗窃了。再来推四人的话谁是真，谁是假。符合“这 4 个人只有一个人说的是真话”的，就是我们要找的答案。

（1）假设是 A 盗窃了珠宝。那么 A×；B×；C×；D√；符合题目要求

（2）为了慎重起见，我们再假设 B 是盗窃犯。那么 A√；B×；C√；D√（不合要求）

（3）再假设 C 是盗窃犯。那么 A√；B×；C×；D√（不合要

求）

（4）再假设D是盗窃犯。那么A√；B√；C×；D×（不合要求）

（5）综合起来，只有当“A盗窃了珠宝”这个假设时，才满足“4个人只有一个人说的是真话”的条件，所以肯定A是罪犯。

5. 运动会

动脑想一想

甲、乙、丙三人在运动会上参加跳高、跳远和跳绳比赛，根据下面的条件判断他们各参加什么项目的比赛。

（1）甲没有参加跳高比赛

（2）乙参加了跳绳比赛

（3）每人参加两种项目的比赛

（4）每项比赛中有他们三人中的两人

游戏中的科学

这种题列表分析较好

	跳高	跳远	跳绳
甲	①×	③√	④√
乙	⑤√	⑦×	②√
丙	⑥√	⑧√	⑨×

根据（1）甲没有参加跳高比赛，在甲行与跳高列的交叉处画上×，又根据（2）乙参加了跳绳比赛，在乙行与跳绳列的交叉处画上√，根据（3）每人参加两种项目的比赛可知：甲一定参加了跳远、跳绳，再根据（4）每项比赛中有他们三人中的两人可知：乙、丙一定参加了跳高比赛。

此时从图上可以看出，乙一定没有参加跳远比赛，因为“每人参加两种项目的比赛”，再观察图可知丙一定参加了跳远比赛，因为“每项比赛中有他们三人中的两人”，最后第 9 步就很清楚了。另外第 8 步和第 9 步可以互换顺序。

6. 聪明的商人

动脑想一想

相邻的 A 国和 B 国交恶。某日 A 国宣布：“今后，B 国的 1 元钱只折我国的 9 角。”B 国于是采取对等措施，也宣布：“今后，A 国的 1 元钱只折我国的 9 角。”但是，住在边境的某个商人想利用这个机会赚一笔，并且成功了。

请问，他是怎么做的？

游戏中的科学

首先，在 A 国购买 10 元钱的东西，付一张 A 国的百元纸币，然后要求：请找给我 B 国的百元纸币。本来应该找给他 90 元 A 国的纸币，刚好折合 B 国的 100 元。他再拿着这张 B 国的百元纸币到 B 国去购买10元钱的东西，照样要求用A国的百元纸币找零。然后，他再回到A国，如此就可大赚一笔啦。

7. 王子智娶公主

动脑想一想

一位王子向智慧公主求婚。智慧公主为了考验王子的智慧，就让仆人端来两个盆，其中一个装着10枚金币，另一个装着10枚同样大小的银币。仆人把王子的眼睛蒙上，并把两个盆的位置随意调换，请王子随意选一个盆，从里面挑选出1枚硬币。如果选中的是金币，公主就嫁给他；如果选中的是银币，那么王子就再也没有机会了。王子听了，说："能不能在蒙上眼睛之前，任意调换盆里的硬币组合呢？"公主同意了。

请问：王子该怎么调换硬币才能确保有把握娶到公主呢？

游戏中的科学

王子在装金币的盆里留1枚金币，把另外9枚金币倒入另一个盆里，这样另一个盆里就有10枚银币和9枚金币。如果他选中那个放1枚金币的盆，选中金币的概率是100%；如果选中放19枚钱币的盆，摸到金币的概率最大是9/19。王子选中盆的概率都是1/2，所以，根据前面的两项概率，得出选中金币总的概率是100% ×1/2 +9/19 ×1/2 =14/19，这样就远远大于原来未调换前的1/2。

8. 分配的房间

动脑想一想

小丽有两个姐妹，这三姐妹分别住在三个互不相通的房间，每个房间门上都有两把钥匙。

请问：如何分配房间的钥匙才能保证小丽三姐妹随时都能进入每个房间？

游戏中的科学

把三个房间命名为甲、乙、丙，小丽三姐妹分别拿一个房间的钥匙，再把剩下的钥匙这样安排：甲房内挂乙房的钥匙，乙房内挂丙房的钥匙，丙房内挂甲房的钥匙。这样，无论谁先到家，都能凭着自己掌握的一把钥匙进入三个房间。